新工科建设·电子信息类系列教材

MATLAB 数字图像处理及其应用实验教程

王　鹏　李明磊　黎　宁　主编

電子工業出版社.

Publishing House of Electronics Industry

北京·BEIJING

内 容 简 介

本书介绍了 MATLAB 数字图像处理及其应用实验，提供了大量的数字图像处理实验代码和典型应用案例，在新工科和人工智能的背景下，由浅入深地设计了创新性的应用实验。全书可分为三部分：MATLAB 数字图像处理基础知识、基础性实验和应用性实验。

本书可作为高等院校电子信息科学与工程类相关专业的本科生、研究生的教材，也可以供相关领域不同层次的研究人员参考。

图书在版编目（CIP）数据

MATLAB 数字图像处理及其应用实验教程/王鹏，李明磊，黎宁主编. —北京：电子工业出版社，2022.9

ISBN 978-7-121-44039-7

Ⅰ.①M… Ⅱ.①王… ②李… ③黎… Ⅲ.①Matlab 软件－应用－图像处理－高等学校－教材 Ⅳ.①TP391.413

中国版本图书馆 CIP 数据核字（2022）第 134118 号

责任编辑：王晓庆

印　　刷：涿州市般润文化传播有限公司
装　　订：涿州市般润文化传播有限公司
出版发行：电子工业出版社
　　　　　北京市海淀区万寿路 173 信箱　　邮编：100036
开　　本：720×1000　1/16　印张：9.75　字数：170 千字
版　　次：2022 年 9 月第 1 版
印　　次：2023 年 7 月第 3 次印刷
定　　价：49.00 元

凡所购买电子工业出版社图书有缺损问题，请向购买书店调换。若书店售缺，请与本社发行部联系，联系及邮购电话：（010）88254888，88258888。

质量投诉请发邮件至 zlts@phei.com.cn，盗版侵权举报请发邮件至 dbqq@phei.com.cn。

本书咨询联系方式：（010）88254113，wangxq@phei.com.cn。

前　言

　　数字图像处理已经在工业、医学及农业等各领域得到了广泛的应用，特别是在航空航天领域，近年来我国发射的"高分"系列卫星都搭载了先进的遥感成像设备，利用数字图像处理技术对采集到的遥感图像进行处理已经成为一种重要的技术手段。学习该课程需要配套相应的数字图像处理实验，帮助学生理解常用的数字图像处理算法，培养学生灵活运用相关知识解决实际工程问题的能力。

　　本书根据数字图像处理课程的理论知识，运用 MATLAB 软件平台，探讨了数字图像处理技术及应用领域的实现方法。

　　全书在内容上分为三部分。第一部分为 MATLAB 数字图像处理基础知识，包括 6 章：第 1 章 MATLAB 数字图像处理基础，包括数字图像处理系统、MATLAB 数据、MATLAB 函数、MATLAB 编程；第 2 章数字图像处理基本操作和运算，包括数字图像读取、显示和保存，数字图像类型转换，数字图像代数运算，数字图像几何运算，数字图像点运算；第 3 章数字图像增强实验，包括数字图像空域增强、数字图像频域增强；第 4 章数字图像复原实验，包括数字图像复原理论基础、数字图像复原滤波器；第 5 章彩色数字图像实验，包括真彩色数字图像处理、假彩色数字图像处理、伪彩色数字图像处理；第 6 章数字图像形态学和分割处理实验，包括数字图像形态学处理和数字图像分割。

　　第二部分为基础性实验，包括：实验一数字图像灰度变换；实验二数字图像直方图；实验三数字图像平滑处理；实验四数字图像锐化处理；实验五数字图像复原、检测及形态学处理。

　　在新工科和人工智能的背景下，积极开展学科交叉融合，除了介绍信息学科中的数字图像处理实验基本内容，同时也应该尝试向学生介绍数字图像处理在其他学科的具体应用案例，用实际应用案例激发学生的学习兴趣，进一步提升学生的自主学习能力、实践能力和创新能力，因此编写第三部分：应用性实验，包括实验一含有噪声的工业电路板图像去噪处理；实验二医学脑部图像增强处理；实验三农业植被航天遥感图像分割处理；面向我校航空航天特色，创新性地设计了实验四航空遥感数据假彩色图像获取和实验五遥感数据目标亚像元定位。

　　本书由王鹏、李明磊、黎宁主编。在本书的编写过程中，作者参考了国内外专家和学者的论文与专著等文献，在此对有关作者一并表示衷心感谢。由于作者水平有限，以及研究内容周期跨度较大、编程软/硬件条件差异大和涉及研究人员较多等实际问题，所作评述也仅能代表一家之辞。衷心希望读者批评指正和不吝赐教，作者将在后续的工作中进一步完善修改。

　　本书为南京航空航天大学"十四五"规划教材，获得江苏省教育科学"十四五"规划专项课题"基于自检与竞赛协同的数字图像处理实验考试改革与评价研究"（项目编号：K-c/2021/08）和江苏省自然科学基金面上项目（BK 20221478）的资助。

作　　者

2022 年 9 月

目　　录

第一部分
MATLAB 数字图像处理基础知识

第1章 MATLAB 数字图像处理基础

1.1 引言

MathWorks 公司推出的 MATLAB 软件平台是一款用于数值计算、可视化编程的高级语言和交互式软件平台。MATLAB 软件平台已经在信息与通信、图像与视频处理、控制系统、测试与测量等许多领域得到广泛的应用，许多工程师都在使用 MATLAB 软件平台，因此运用 MATLAB 软件平台对数字图像处理进行实验教学，不仅可使学生进一步巩固数字图像处理理论知识，而且也培养了学生解决实际问题和实践操作的能力。本章对数字图像处理系统、MATLAB 数据、MATLAB 函数、MATLAB 编程进行介绍，使学生对 MATLAB 数字图像处理有全面的基础认识。

1.2 数字图像处理系统

1.2.1 数字图像处理定义

假设二维函数 $f(x,y)$ 表示一幅连续图像，其中 f 表示空间坐标 (x,y) 处的幅值，该幅值称为该点的灰度。当空间坐标 (x,y) 和幅值 f 变为有限离散的数值时，图像为数字图像。因此将空间坐标和幅值数字化，就可以将一幅连续图像变成数字图像。空间坐标数字化的过程称为采样，幅值数字化的过程称为量化，如图 1.1 所示为采样和量化的过程，图像被大小相同的小方格分割成相等区域，每个小方格称为数字图像的基本元素。有限的基本元素将会组成数字图像，每个元素都有特定的空间坐标和幅值表示，这些元素称为像素。数字图像可以看成矩阵形式，而数字图像处理过程其实就是计算机对表示数字图像的矩阵进行处理的过程，将连续图像变成数字图像的好处为精度高、再现性好、通用性强和灵活性强。

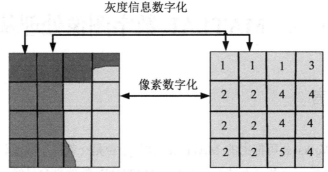

图 1.1   采样和量化的过程

数字图像处理系统主要包括图像输入设备、计算机系统和图像输出设备。下面分别对各模块进行简单介绍。

图像输入设备在输入信息的空间分辨率、精度和速度等方面各有特点，一般常用的输入设备有 CCD 摄像机、录像机、扫描仪等。输入设备主要将图像的光强信息转换为模拟电信号，再送到计算机系统进行模数转换。

计算机系统用来处理数字图像信息，因为数字图像信息量巨大，所以要求计算机系统运算速度快、存储量大。可以采用不同的计算机系统（如微机、大型计算机、阵列机、多处理机和计算机网络）对数字图像进行处理。

图像输出设备用来在显示器显示处理后的图像，主要有计算机显示器、电视机、打印机、绘图仪等设备。

1.2.2   数字图像处理软件开发工具

Windows 操作系统为数字图像处理提供了理想的软件运行环节，不仅用户界面统一和友好，而且直观地展示面向对象的图形用户界面。Windows 操作系统是由图形设备接口（GDI，Graphics Device Interface）完成图形输出的，GDI 用于在屏幕上输出像素，在打印机上输出复制和绘制 Windows 用户界面。

除 Windows 操作系统运行环境外，还需要可用于处理图形的软件开发工具，现有常见的图像软件开发工具就是 MATLAB 软件平台。MATLAB 属于一种高性能语言，其应用的环境集成了计算、可视化和编程等功能。在这个环境下，可以利用熟悉的数学表示法来解决问题。MATLAB 属于一种交互式系统，允许人们利用公式方法求解许多技术问题，此外，MATLAB 可调用 C 或 Fortran 这些非交互式语言编写的程序。

对于数学、工程和科学理论中的课程，MATLAB 软件平台都是常用的计算工具。MATLAB 软件平台中补充了许多特定的工具箱，其中，图像处理工具箱是一个 MATLAB 函数集，它扩展了 MATLAB 解决图像问题的能力范围，所支持的图像处理操作有图像的领域操作、图像变换、图像增强、图像恢复和图像滤波等。MATLAB 在图像中的主要应用包括：（1）图像文件格式的读/写和显示；（2）图像处理的基本运算；（3）图像变换；（4）图像的分析和增强；（5）图像的数学形态学习处理。

针对以上 MATLAB 的软件平台特点，本书将使用 MATLAB 软件平台作为开发工具实现数字图像处理实验。

1.3　MATLAB 数据

1.3.1　矩阵与数组

1）创建矩阵与数组

创建矩阵，可以用分号将行与行分隔开。例如，在 MATLAB 中输入 A=[1 2;3 4]并回车，命令窗口会显示

```
A =
    1    2
    3    4
```

也可以利用函数去创建矩阵，常用的函数有 ones、zeros、rand 等，例如，创建一个元素全为 1 的行矢量 x，可以用命令"x=ones(1, 5);"，命令窗口会显示

```
x =
    1    1    1    1    1
```

同理，创建一维数组，可以用逗号或空格将数组元素分开，如输入 a=[1 2 3 4]或 a=[1,2,3,4] 并回车，命令窗口会显示

```
a =
    1    2    3    4
```

2）矩阵与数组运算

算术运算符或函数可以直接对矩阵的所有元素进行运算，例如，对矩阵 A=[1 2;3 4]利用算术运算符进行 B=A+10 操作并回车，命令窗口会显示

```
B =
    11    12
    13    14
```

同理对矩阵 A 进行函数操作 C=cos(A) 并回车，命令窗口会显示

```
C =
    0.5403    -0.4161
   -0.9900    -0.6536
```

如果需要将矩阵进行转置，可以利用"'"实现，例如，输入 D=A'并回车，命令窗口会显示

```
D =
    1    3
    2    4
```

逆矩阵可利用 inv( )实现，例如，输入 E=inv(A)并回车，命令窗口会显示

```
E =
   -2.0000    1.0000
    1.5000   -0.5000
```

为进一步验证矩阵 A 与逆矩阵 E 的乘积是否为单位矩阵，可输入 F=A*inv(A) 并回车，命令窗口会显示

```
F =
    1.0000         0
    0.0000    1.0000
```

需要注意的是，F 不是整数值矩阵，因为 MATLAB 是以浮点形式存储数值的，而算术运算对实际值与其浮点表示值的微小差别很敏感。可以用 format 命令显示更多有效位。

矩阵元素的乘法可用算符 ".*" 实现，例如，输入 G=A.*A 并回车，命令窗口会显示

```
G =
    1     4
    9    16
```

矩阵的乘法、除法和幂运算都有相应的按元素进行计算的运算符，如计算矩阵 A 的元素的三次方为 G=A.^3，输入并回车，命令窗口会显示

```
G =
    1     8
   27    64
```

3）数组连接

MATLAB 可以将多个数组连接起来成为一个更大的数组，可以利用方括号 "[]" 将单个元素连接起来构成一个数组。利用逗号将两个数组连接起来，叫作水平连接，此时要求两个数组的行数相同。利用分号将两个数组连接起来，叫作垂直连接，此时要求两个数组的列数相同。如对矩阵 A=[1 2;3 4]进行 B=[A, A]操作并回车，命令窗口会显示

```
B =
    1     2     1     2
```

```
    3       4       3       4
```

进行 B=[A; A]操作并回车，命令窗口会显示

```
B =
    1       2
    3       4
    1       2
    3       4
```

1.3.2 数组引用

MATLAB 中的每个变量都是一个数组，可以保存多个数。要存取一个数组中指定的元素，可以采用引用方法，例如，4×4 魔方阵 A=magic(4)为

```
A =
   16       2       3      13
    5      11      10       8
    9       7       6      12
    4      14      15       1
```

引用数组中特定的元素有两种方法，通常用元素的行与列下标来引用。比如输入 A(4, 3)并回车，命令窗口会显示

```
ans =
   15
```

另一种方法是用一个下标来引用，下标排列顺序为按列从上到下、从左到右，这种方法称为线性引用，例如，输入 A(12) 并回车，命令窗口会显示

```
ans =
   15
```

如果引用数组中的多个元素，可以用冒号 ":" 来确定起始位置和终止位置。单独冒号，没有起始位置和终止位置，则表示引用该纬度的全部元素，例如，输入 A(1:2, 2)并回车，命令窗口会显示

```
ans =
```

```
    2
   11
```

输入 A(1:2, :)并回车，命令窗口会显示

```
ans =
   16    2    3   13
    5   11   10    8
```

1.3.3　字符串

字符串是用两个单引号括起来的任意多个字符构成的序列，可以将字符串赋给变量。例如，输入 Text1='Hello, world'并回车，命令窗口会显示

```
Text1 =
    'Hello, world'
```

如果文字中已经包含单引号，则需要用两个单引号。例如，输入 Text2='We're family'并回车，命令窗口会显示

```
Text2 =
   'We're family'
```

Text1 和 Text2 都是数组，两者的数据类型是 char，它是短字符型数据，可以用 whos 命令查看，如输入 whos Text2 并回车，命令窗口会显示

```
Name       Size         Bytes  Class   Attributes
Text2      1x12            24   char
```

可以利用方括号[]连接这两个字符串，例如，输入 Text3=[Text1, '-', Text2] 并回车，命令窗口会显示

```
Text3 =
   'Hello, world-We're family'
```

此外，利用 num2str 或 int2str 可以将数值转换为字符串，例如，输入

```
f=80;
c=(f-32)/1.8;
Text4=[' Temperature is ', num2str(c), 'C']
```

命令窗口会显示

```
Text4 =
    ' Temperature is 26.6667C'
```

1.3.4　图形显示

函数 plot 可以用来绘制二维图形，比如绘制 0 到2π范围内的余弦函数曲线，可以通过下面的语句实现

```
x=0:pi/100:2*pi;
y=cos(x);
plot (x, y)
xlabel ('x')
ylabel ('cos(x)')
title ('余弦函数曲线')
```

给图形加标题和给坐标加标注可以用后面三条语句，最终的绘制结果如图 1.2 所示。此外，在 plot 调用中加入第三个参数，可以修改线性和颜色。例如，用 plot (x, y, 'g--') 可以绘制如图 1.3 所示的结果。

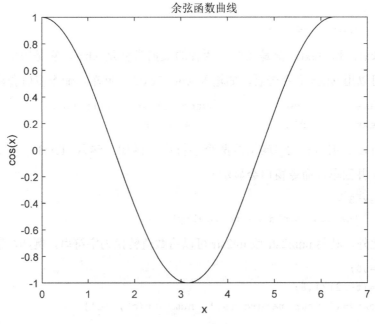

图 1.2　余弦函数曲线

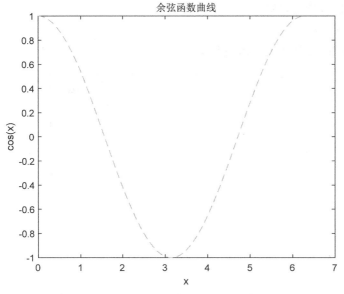

扫描查看彩图

图 1.3　用绿色虚线绘制的余弦函数曲线

假如要在一个窗口中绘制多条曲线，需要用 hold on 命令保持当前图形窗口，再利用 hold off 命令关闭窗口，此时所有曲线都会被绘制在窗口中，例如

```
x=0:pi/100:2*pi;
y1=cos(x);
plot (x, y1)
hold on
y2=sin(x);
plot (x, y2, 'g--')
legend ('cos', 'sin')
hold off
```

绘制的余弦函数和正弦函数曲线如图 1.4 所示，legend 函数的作用是显示对应的标签。

接下来介绍三维图形显示，三维图形用来显示函数 $z = f(x, y)$ 的表面，此时可以用到函数 surf。首先用函数 meshgrid 创建一组函数在函数 f 定义域范围内的坐标点 (x, y)。例如，计算 $z = xe^{-x^2 - y^2}$ 可以用以下指令

```
[x, y]= meshgrid (-2: .2 :2);
```

```
z=x.*exp (-x.^2-y.^2);
surf (x, y, z);
```

可以得到如图 1.5 所示的三维图形。

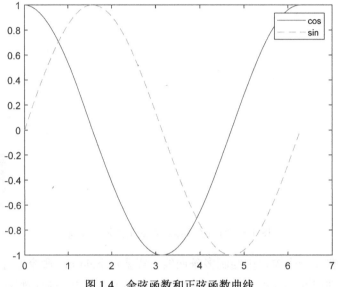

图 1.4　余弦函数和正弦函数曲线

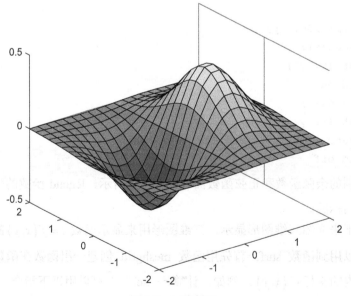

图 1.5　三维图形

此外，可以调用函数 subplot，在一个图形窗口的不同子区域显示多幅图形，subplot 函数中的前两个参数指明子区域的行和列的位置，第三个参数指明确定区域，例如

```
t=0:pi/10:2*pi;
[x, y, z]=cylinder (4*cos(t));
subplot (2, 2, 1); mesh (x); title ('x');
subplot (2, 2, 2); mesh (y); title ('y');
subplot (2, 2, 3); mesh (z); title ('z');
subplot (2, 2, 4); mesh (x, y, z); title ('x, y, z');
```

绘制的图形如图 1.6 所示。

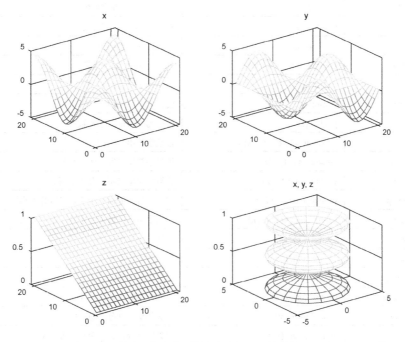

图 1.6　在一个图形窗口显示多幅图形

1.4　MATLAB 函数

MATLAB 软件平台含有大量的函数，可以分为基础函数、数学函数、绘

图函数、编程函数、GUI 函数、数据与文件管理函数和高级软件开发函数几大类。下面列出一些常用的 MATLAB 函数，表 1.1 给出常用的数据类型创建与转换函数，表 1.2 给出矩阵与数值函数，其他函数可以查询 MATLAB 的帮助文档。

表 1.1　常用的数据类型创建与转换函数

函 数 名 称	函数基本格式	函 数 功 能
double	y=double (x)	将变量 x 的数据类型转换为双精度类型
single	y=single (x)	将变量 x 的数据类型转换为单精度类型
int8	y=int8 (x)	转换为 8 位有符号数
int16	y=int16 (x)	转换为 16 位有符号数
int32	y=int32 (x)	转换为 32 位有符号数
int64	y=int64 (x)	转换为 64 位有符号数
uint8	y=uint8 (x)	转换为 8 位无符号数
uint16	y=uint16 (x)	转换为 16 位无符号数
uint32	y=uint32 (x)	转换为 32 位无符号数
uint64	y=uint64 (x)	转换为 64 位无符号数
char	y=char (x)	转换为字符串或字符数组
strcat	y= strcat (x1, x2, ⋯, xn)	连接字符串
strcmp	y= strcmp (x1, x2)	比较字符串（区分大小写）
strcmpi	y= strcmpi (x1, x2)	比较字符串（不区分大小写）
strncmp	y= strncmp (x1, x2, n)	比较字符串的前 n 个字符（区分大小写）
strncmpi	y= strncmpi (x1, x2, n)	比较字符串的前 n 个字符（不区分大小写）
lower	y= lower ('x')	转换为小写字符
upper	y= upper ('x')	转换为大写字符
categorical	y= categorical (x)	由数组 x 创建分类数组
categories	y= categories (x)	获取分类数组 x 中的类别
addcats	z= addcats (x,y)	添加类别 y 到分类组 x 中
mergecats	z= mergecats (x,y)	将类别 y 合并到一个分类数组 x 中
reordercats	y= reordercats (x)	对分类数组 x 中的类别重新排序
removecats	y= removecats (x)	从分类数组 x 中删除类别
renamecats	z= renamecats (x,y)	对分类数组 x 中的类别重新命名 y
table	y= table (x1, x2, ⋯, xn)	由工作空间变量创建表格
array2table	y= array2table (x)	将数组转换为表格
cell2table	y= cell2table (x)	将胞元数组转换为表格

（续表）

函 数 名 称	函数基本格式	函 数 功 能
struct2table	y= struct2table (x)	将结构数组转换为表格
table2array	y= table2array (x)	将表格转换为数组
table2cell	y= table2cell (x)	将表格转换为胞元数组
table2struct	y= table2struct (x)	将表格转换为结构数组
readtable	y= readtable (x)	从文件读取表格
writetable	writetable (y, x)	写表格
struct	z= struct (x1, y1, …, xn, yn)	创建结构数组
cell	y=cell (x1, …, xn)	创建胞元数组
cell2mat	y= cell2mat (x)	将胞元数组转换为矩阵
mat2cell	z= mat2cell (y, x1, …, xn)	将矩阵转换为胞元数组
num2cell	y= num2cell (x)	将数组转换为胞元数组
int2str	y= int2str (x)	将整数转换为字符串
mat2str	y= mat2str (x)	将矩阵转换为字符串
num2str	y= num2str (x)	将数值转换为字符串
str2double	y= str2double ('x')	将字符串转换为双精度数据
str2num	y= str2num ('x')	将字符串转换为数值
dec2bin	y= dec2bin (x)	将十进制数转换为二进制数
dec2hex	y= dec2hex (x)	将十进制数转换为十六进制数
hex2dec	y= hex2dec (x)	将十六进制数转换为十进制数
hex2num	y= hex2num (x)	将十六进制数转换为双精度数据
num2hex	y= num2hex (x)	将单精度和双精度数据转换为十六进制数

表 1.2　矩阵与数值函数

函 数 名 称	函数基本格式	函 数 功 能
accumarray	z= accumarray (x, y)	根据 x 指定下标对 y 中的元素累加得到数组 z
blkdiag	y= blkdiag (x1, x2, …, xn)	利用输入数据创建块对角矩阵
dig	z=dig (x, y)	向量 x 中的元素放在 z 的第 y 个对角线
eye	1=eye (x)	创建 x×x 单位矩阵
linspace	z= linspace (x, y, n)	在[x, y]范围创建 n 个等间隔向量，n 默认值为 100
logspace	z= linspace (x, y, n)	$[10^a, 10^b]$ 范围创建 n 个等间隔向量，n 默认值为 50
meshgrid	[X, Y]= meshgrid (x, y)	创建二维网格，x 和 y 为网格向量
ones	y= ones (x1, x2)	创建 x1×x2 的全 1 矩阵
rand	y= rand (x1, x2)	创建 x1×x2 的均匀分布伪随机矩阵
true	y= true (x1, x2)	创建 x1×x2 的逻辑 1 矩阵

（续表）

函数名称	函数基本格式	函数功能
zeros	y= zeros (x1, x2)	创建 x1×x2 的全 0 矩阵
cat	y= cat (dim, x1, x2)	按照 dim 维度连接矩阵或数组 x1 和 x2
horzcat	y= horzcat (x1, x2, …, xn)	将矩阵或数组进行水平连接
vertcat	y= vertcat (x1, x2, …, xn)	将矩阵或数组进行垂直连接
length	y= length (x)	计算数组的长度或最大维数
ndims	y= ndims (x)	计算数组或矩阵的维数
numel	y= numel (x)	计算数组或矩阵的元素数目
size	[x1, x2]= size (y)	计算矩阵 y 的维度大小
height	y= height (x)	计算表格 x 的高度
width	y=width (x)	计算表格 x 的宽度
circshift	z= circshift (x, y)	将列向量 x 循环移位 y 次
ctranspose	y=x'; y = ctranspose (x)	计算矩阵 x 或对象 x 复共轭转置
flip	y = flip (x, dim)	将向量或矩阵元素顺序反转
fliplr	y = fliplr (x)	将向量或矩阵元素顺序左右反转
flipud	y = flipud (x)	将向量或矩阵元素顺序上下反转
permute	y = permute (x, order)	将数组 x 元素重新排列
repmat	y = repmat (x, n)	复制矩阵
reshape	y = reshape (x, m, n)	调整矩阵维度
rot90	y = rot90 (x)	矩阵顺时针旋转 90°
sort	y = sort (x, dim)	将矩阵元素按列进行升序排列
sortrows	y = sortrows (x, column)	将矩阵元素按行进行升序排列
squeeze	y = squeeze (x)	压缩数组的维度
transpose	y=x'; y = ctranspose (x)	矩阵非共轭转置

1.5　MATLAB 编程

1.5.1　脚本文件

编程脚本文件可以采取以下三种方式。

（1）单击 MATLAB 命令窗口左上方的 "New Script（新建脚本）" 按钮，打开.m 文件编辑器（editor）。

（2）右击历史命令语句，然后选择 "新建脚本"，也可以打开.m 文件编辑器（editor）。

（3）使用 edit 命令，执行命令格式为：edit file_name，.m 文件编辑器
（editor）将会被打开，可以编辑脚本文件。如果没有指定文件名，
MATLAB 将会采用未命名文件 untitled。

在脚本文件编程过程中可以对命令语句进行注释，用百分号（%）表示
注释开始。也可以将代码进行分节，用两个百分号（%%）表示每节代码开
始，每个代码节可以单独运行。

1.5.2　控制流语句

控制流语句包括循环语句、条件语句和分支语句等。

1）循环语句

循环语句主要包括 for 循环、while 循环和 parfor 循环。

for 循环按指定的次数执行语句，可以描述为如下格式：

```
for index = values
   program statements
          …
end
```

while 循环在表达式为真的条件下重复执行语句，可以描述为如下格式：

```
while expression
    statements
end
```

对于 for 循环和 while 循环，用 break 命令终止循环，用 continue 命令
将循环控制转到下一次循环。

parfor 循环是一种并行循环，需要 MATLAB 并行工具箱支持，可以描
述为如下格式：

```
parfor loopvar = initval : endval; statements; end
```

2）条件语句

条件语句表示如果条件为真，则执行语句，如果条件为假，则不执行

语句，可以描述为如下格式：

```
if expression
    statements
elseif expression
        statements
else
        statements
end
```

3）分支语句

switch 分支语句根据表达式的值，执行不同的语句，可以描述为如下
格式：

```
switch expression
case expression
        statements
case expression
        statements
        …
otherwise
        statements
end
```

1.5.3　编写函数

函数是接收输入参数并返回输出结果的程序，可以通过 function 声明函
数名称、输入参数和输出参数，描述为：

```
function [y1, …, yn] = fun (x1, …, xm)
```

这个表达式声明了一个名为 fun 的函数，有 m 个输入参数 x1, …, xm
和 n 个输出参数。值得注意的是，函数声明语句必须置于函数的第一行，
函数名必须以字母开头，可以包含字母、数值和下画线。函数保存的文件
必须与函数名相同，扩展名为.m。一个函数可以包含多个局部函数，每个

函数都需要以 end 结束。例如，定义一个函数 stat

```
function [x, y] = stat (z)
n = length (z);
x = avg (z, n);
y=sqrt (sum ((z-x) .^2/n));
end
function x = avg (z, n)
x = sum (z)/n;
end
```

其中，函数 avg 为局部函数。当函数 stat 调用以下格式时

```
M = [12.7, 45.4, 98.9, 53.1];
[value1, value2] = stat (M)
```

计算结果为

```
value1 =
    52.5250
value2 =
    30.7724
```

第 2 章　数字图像处理基本操作和运算

2.1　引言

本章旨在利用 MATLAB 软件平台，使读者熟悉数字图像处理基本操作和运算。本章主要介绍数字图像读取、显示和保存，数字图像类型转换、数字图像代数运算、数字图像几何运算、数字图像点运算等，使读者初步具备使用 MATLAB 软件平台处理数字图像的能力。

2.2　数字图像读取、显示和保存

MATLAB 软件平台处理的基本数据类型本身十分适用于表达图像，这是因为矩阵中的元素与图像中的像素有着十分自然的对应关系，MATLAB 软件平台支持 BMP、JPEG、PNG、GIF、TIFF、XWD、CUR、ICO、HDF、PCX、XWD 等图像文件格式的读取、显示和保存。

2.2.1　数字图像读取

可以使用 imread 函数将图像数据读入 MATLAB 软件平台，其一般格式可以描述为

```
[X, C] = imread ('name', 'format')
```

其中，X 和 C 分别是读出图像数据矩阵和颜色数据，name 是一个含有图像文件全名的字符串，format 表示图像的格式。

如表 2.1 所示为 imread 所支持的常用图像或图形文件格式。

表 2.1　imread 所支持的常用图像或图形文件格式

格 式 名 称	描　　　　述	可识别扩展符
JPEG	联合图像专家组	.jpg、.jpeg
BMP	Windows 位图	.bmp
PNG	可移植网络图形	.phg
TIFF	加标识的图像文件格式	.tiff、.tif
GIF	图像交换格式	.gif
XWD	X Window 转储	.xwd

例如，使用 imread 函数读取一幅名为 circuit.tif 的图像，并显示其图像矩阵，可以描述为

```
I = imread ('circuit.tif');
```

就像这个命令行一样，当 name 不包含任何路径信息时，imread 会从当前目录中寻找并读取图像文件。如果当前目录中没有所需要的文件，则它会尝试在 MATLAB 搜索路径中寻找文件，读取指定路径中的图像，简单的办法就是在 name 中输入完整路径或相对路径，例如

```
I = imread ('C:\images\circuit.tif'');
```

表示在驱动器 C 上名为 images 的文件夹中读取图像文件 circuit.tif。MATLAB 桌面工具条上的当前目录窗口会显示 MATLAB 的当前工作路径，并提出一种非常简单的方法来手工改变当前路径。

接下来使用 size 函数给出这副图像的行数和列数。在命令窗口输入命令 size (I)并回车，可以得到结果

```
ans =
   280    272
```

利用函数 whos 可以显示出一个数组的附加信息，在命令窗口输入命令：whos I 并回车，可以得到结果

```
Name        Size          Bytes        Class
   I        280x272       76160        uint8
```

结果中的 uint8 是常见的一种 MATLAB 数据类型。

2.2.2 数字图像显示

可以使用 imshow 函数将图像数据在 MATLAB 软件平台显示，其一般格式可以描述为

```
imshow (I, G)
```

其中，I 是一个图像数组，G 是显示该图像的灰度级数，也就是该图像包含的不同亮度或灰度值总数，默认的灰度级是 256。想要控制显示图像的灰度，可以使用以下语法：

```
imshow (I, [low high])
```

该命令将所有小于或等于 low 的灰度值都显示为黑色，将所有大于或等于 high 的灰度值都显示为白色，在 low 与 high 之间的灰度值将以默认的级数显示为中等亮度值。

另一种语句命令可以描述为

```
imshow (I, [ ])
```

该命令可以将 low 设置为数组 I 的最小值，将 high 设置为数组 I 的最大值，该命令在显示一幅动态范围较小的图像或图像中既有正值又有负值时非常有用。

最后一种语句命令可以描述为

```
imshow (I, map)
```

其中，map 是其对应的颜色矩阵，若进行图像处理后不知道图像数据的值域，则可以用[]代替 map。

例如，仍将一幅名为 circuit.tif 的图像读入 MATLAB 环境并显示该图像，可以使用以下命令：

```
I = imread ('circuit.tif')
Imshow (I)
```

如图 2.1 所示为在 MATLAB 中的图像显示情况。

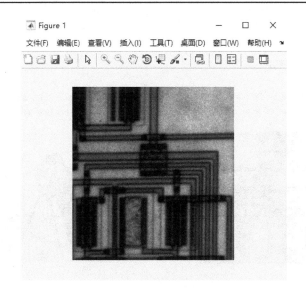

图 2.1 在 MATLAB 中的图像显示情况

因为 imshow 命令行结尾处的分号对结果没有影响，所以可以将其省略。左上角显示了图像编号，窗口上有各种下拉菜单和工具按钮，用于缩放、保持和输出显示窗口等。当用 imshow 显示另一幅图像时，MATLAB 会用新图像替换旧图像。如果想保持第一幅图像并同时显示第二幅图像，可以使用 figure 函数增加一个图像显示窗口。例如，使用以下命令：

```
I1= imread ('circuit.tif');
imshow (I1);
I2= imread ('cameraman.tif ');
figure, imshow (I2); %新增图像显示窗口显示 cameraman.tif，按照最大灰
度范围显示
figure, imshow (I2, [ ]); %按照指定灰度范围显示
figure, imshow (I2, [64, 128]); %灰度值低于 64 的将显示为黑，高于
128 的将显示为白
```

显示结果如图 2.2 所示。

如果想在同一个窗口同时显示多幅图像，可以用 subplot 函数，其语法格式为

```
subplot (m, n, p)
```

或

```
subplot (mnp)
```

图 2.2　MATLAB 中的显示结果

　　它的作用就是将一个图像显示对话框分成 m 行 n 列，并显示第 p 幅图像，例如，以下命令：

```
I1= imread ('circuit.tif');
I2= imread ('cameraman.tif ');
subplot (2, 2, 1); imshow (I1);
subplot (2, 2, 2); imshow (I2);
subplot (2, 2, 3); imshow (I2, [ ]);
```

```
subplot (2, 2, 4); imshow (I2, [64, 128]);
```

其结果如图 2.3 所示。

图 2.3 用 subplot 函数显示多幅图像

2.2.3 数字图像保存

imwrite 函数可用于将图像保存到指定目录的磁盘上，其一般格式可以描述为

```
imwrite (f, name, format)
```

表述为按照 format 指定的格式将图像数据矩阵 f 写入文件 name。如果 name 不包含路径信息，则 imwrite 会将文件保存到当前的工作目录。imwrite 所支持的常用图像或图形文件格式与 imread 类似，如表 2.1 所示，但是 imread 支持 GIF 格式，而 imwrite 不支持该格式。

函数 imwrite 可以有其他的参数，具体取决于所选的文件格式，例如

```
imwrite (f, map, name, format)
```

表示按照 format 指定的格式将图像数据矩阵 f 和调色板 map 写入文件 name。

函数 imwrite 的另一种常用但是只适用于 JPEG 图像的语法为

```
imwrite (f, 'name.jpg', 'quality', q)
```

其中，q 是一个 0～1 范围内的数值，由于 JPEG 属于压缩图像，因此 q 越小，图像的退化就越严重。

2.3　数字图像类型转换

2.3.1　支持数据类型

MATLAB 软件平台所支持的各种数据类型如表 2.2 所示，表中的前 8 项是数值数据类，第 9 项为字符类，最后 1 项为逻辑数据类。

表 2.2　MATLAB 软件平台所支持的各种数据类型

名　称	描　述
double	双精度浮点数，范围为-10^{308}～10^{308}
uint8	无符号 8 比特整数，范围为[0, 255]
uint16	无符号 16 比特整数，范围为[0, 65536]
uint32	无符号 32 比特整数，范围为[0, 4294967295]
int8	有符号 8 比特整数，范围为[−128, 127]
int16	有符号 16 比特整数，范围为[−32768, 32767]
int32	有符号 32 比特整数，范围为[−2147483648, 2147483647]
single	单精度浮点数，范围为-10^{308}～10^{308}
char	字符
logical	值为 0 或 1

MATLAB 软件平台的所有数值计算都可以用 double 类进行，因此它是图像处理应用中最常用的数据类型之一。uint8 数据类型也是一种常用的数据类型，特别是从存储设备读取数据时，8 比特图像是很常用的图像。double 数据类型需要用 8 字节表示一个数字，uint8 和 int8 需要 1 字节，

uint16 和 int16 需要 2 字节，uint32 和 int32 需要 4 字节，char 数据类型用来表示 Unicode 字符，一个字符串就是一个 1×n 的字符矩阵，logical 类型矩阵中每个元素的取值是 0 和 1，且每个元素都用 1 字节存储在存储器中。逻辑矩阵的创建可通过函数 logical 或相关的运算符实现。

2.3.2　支持图像类型

灰度图像、二值图像、索引图像和 RGB 图像是 MATLAB 图像处理工具箱支持的 4 种数字图像类型，下面分别进行介绍。

1）灰度图像

灰度图像是一个数据矩阵，它的归一化取值表示亮度。如果灰度图像的像素是 uint8 类或 uint16 类，则它们的整数值范围分别是[0, 255]和[0, 65536]；如果灰度图像的像素是 double 类，则规定双精度型归一化灰度图像的取值范围是[0, 1]。

2）二值图像

二值图像是一个取值只为 0 和 1 的逻辑数组，而一幅取值只包含 0 和 1 的 uint8 类数组在 MATLAB 中并不认为其是二值图像，需要使用 logical 函数把数值数组转换为二值数组或逻辑数组，其语句可以描述为

```
B=logical (A)
```

其中，B 是由 0 和 1 构成的数值数组。如果要判断一个数组是否为逻辑数组，可以使用函数

```
islogical (A)
```

如果 A 是逻辑数组，则该函数返回 1，否则返回 0。

3）索引图像

索引图像包含索引颜色，颜色都是预先定义的，并且可供选用的颜色也是有限的，索引图像最多只能显示 256 种颜色。当打开索引图像时，构成该图像的颜色索引值就会被读入程序，然后根据索引值找到最终的颜色。

4）RGB 图像

RGB 图像通常为一个 *m*×*n*×3 的数组，其中每个彩色相似点都是在特定空间位置的彩色图像所对应的红、绿、蓝三个分量。一幅 RGB 彩色图像是由红、绿、蓝三个分量图像组成的。假设 sR、sG、sB 分别代表红、绿、蓝三个分量图像，一幅 RGB 图像就利用 cat 函数操作这些分量图像组成彩色图像，描述为

```
rgbimage = cat (3, sR, sG, sB)
```

此外，可以用 colorbar 函数给坐标轴添加色彩条，在当前的 figure 中添加或修改色彩条，并调整坐标轴到合适的位置以适应色彩条，且位置默认为垂直，例如

```
[I2,MAP]= imread ('cameraman.tif ');
imshow (I2, MAP);
colorbar
```

用 colorbar 函数显示色彩条如图 2.4 所示。

图 2.4　用 colorbar 函数显示色彩条

2.3.3　数据和图像类型转换

如表 2.3 所示为 MATLAB 提供的数据间的转换函数，例如，函数 im2uint8 可以测出输入的数据类，并进行必要的缩放，使工具箱能将这些数据识别为有效的图像数据。

表 2.3　数据间的转换函数

名　　称	将输入转换为	可以输入的图像数据类型
im2uint8	uint8	logical、uint8、uint16、double
im2uint16	uint16	logical、uint8、uint16、double
mat2gray	double	double
im2double	double	logical、uint8、uint16、double
im2bw	logical	uint8、uint16、double

例如，double 类 2×2 图像 I 表示为

```
I = [ -0.5 0.5
   0.75 1.5];
```

执行如下转换：

```
Q = im2uint8 (I);
```

得到结果如下：

```
Q = [ 0 128
   191 255];
```

可以看出，函数 im2uint8 将输入中所有小于 0 的值设置为 0，将输入中所有大于 1 的值设置为 255，将所有的其他值乘以 255。将得到的结果四舍五入为最接近的整数后，完成转换。

如表 2.4 所示为 MATLAB 提供的数字图像之间的转换函数。

表 2.4　数字图像之间的转换函数

名　　称	描　　述	名　　称	描　　述
rgb2gray	将彩色图像转换为灰度图像	ind2gray	将索引图像转换为灰度图像
rgb2ind	将彩色图像转换为索引图像	ind2rgb	将索引图像转换为彩色图像
gray2ind	将灰度图像转换为索引图像	im2bw	将灰度图像转换为二值图像

无论 RGB 的图像是什么类型数据，MATLAB 都可以将其正确地显示，例如

```
RGB8 = uint8 (round (RGB64×255));%将 double 浮点型转换为 uint8 无
```
符号整型

```
RGB64 = double (RGB8) / 255;    %将 uint8 无符号整型转换为 double
```
浮点型

```
RGB16 = uint16 (round (RGB64×65535));  %将 double 浮点型转换为
```
uint16 无符号整型

```
RGB64 = double (RGB16) / 65535;  %将 uint16 无符号整型转换为
```
double 浮点型

用 imshow 函数显示 RGB 图像的基本调用格式为

```
imshow (RGB)
```

得到的是一个 $m×n×3$ 的数组。

2.4 数字图像代数运算

数字图像代数运算是指对多幅图像进行点对点加法、减法、乘法、除法运算从而得到输出图像的运算。在这 4 种算法中，减法和加法在图像增强中十分有用。而两幅图像相除，可以视为将一幅图像取反并与另一幅图像相乘。此外，图像平均处理可以减小噪声，除法也可以增强两幅图像的差异。

在 MATLAB 中可以直接利用+、−、*、/等执行图像的算术操作，但是在此之前必须将图像转换为适合进行基本操作的双精度类型。MATLAB 图像处理工具箱包含一个能够实现所有非稀疏数值数据的算术操作函数集合，如表 2.5 所示为常用的图像代数运算函数。

表 2.5　常用的图像代数运算函数

名　　称	描　　述
imadd	两幅图像的加法
imabsdiff	两幅图像的绝对差值
imcomplement	对一幅图像进行取反
imdivide	两幅图像相除
imlincomb	两幅图像线性组合
immultiply	两幅图像相乘
imsubtract	两幅图像相减

值得注意的是，图像代数运算函数无须进行数据类型间的转换，这些函数可以支持 uint8 和 uint16 数据，并返回相同格式的结果。代数运算时得到的结果有时容易超出数据类型允许的范围，比如 uint8 数据最大允许范围为 255，但是经过一些运算得到的结果会超过 255。此时将会利用截取规则对得到的结果进行符合范围的处理，也就是超出数据范围的整型数据将被截取为数据范围的极值。仍然以 uint8 数据为例，大于 255 的结果将会设置为 255。此外，无论进行哪一种代数运算，都需要保持两幅图像类型相同且大小相等。

2.4.1　加法运算

两幅图像相加通常用于对同一场景的多幅图像求平均，以便有效地减小随机噪声的影响。例如，将两幅图像进行相加可以描述为

```
I1= imread ('circuit.tif');
imshow (I1);
I2= imread ('cameraman.tif ');
figure, imshow (I2);
I=imadd (I1, I2);
figure, imshow (I);
```

相加结果如图 2.5 所示。

（a）原始图像 1   （b）原始图像 2   （c）两图相加结果

图 2.5   图像相加结果

此外，当相加结果发生超出范围的时候，imadd 函数会将数据截取为数据类型所支持的最大值，这种截取效果称为饱和处理。

MATLAB 软件平台同时也提供了一种添加噪声函数 imnoise，以便模拟噪声信息，其语法格式为

```
N=imnoise (I, type)
N=imnoise (I, type, parameters)
```

其中，type 是噪声种类，parameters 是与噪声相关的参数，I 是输入图像，N 是对 I 添加噪声后的输出图像，imnoise 函数相关说明如表 2.6 所示。

表 2.6   imnoise 函数相关说明

种 类	参 数	描 述
gaussian	m, v	均值为 m，方差为 v 的高斯噪声
localvar	v	均值为 0，方差为 v 的高斯白噪声
poisson	无	泊松噪声
种类	参数	描述
salt & pepper	d	噪声密度为 d 的椒盐噪声
speckle	d	噪声密度为 d 的乘性噪声

例如，对一幅图像加入不同类型的噪声可以描述为

```
I= imread ('cameraman.tif ');
imshow (I);
I1 = imnoise (I, 'gaussian', 0.5, 0.01);
I2 = imnoise (I, 'poisson');
```

```
I3 = imnoise (I, 'salt & pepper', 0.02);
I4 = imnoise (I, 'speckle', 0.04);
figure,
subplot (2, 2, 1); imshow (I1);
subplot (2, 2, 2); imshow (I2);
subplot (2, 2, 3); imshow (I3);
subplot (2, 2, 4); imshow (I4);
```

原始图像如图 2.6 所示，添加噪声结果如图 2.7 所示。

图 2.6　原始图像

（a）添加高斯噪声

（b）添加泊松噪声

（c）添加椒盐噪声

（d）添加斑点噪声

图 2.7　添加噪声结果

2.4.2　减法运算

两幅图像相减也称为两幅图像差分，通常用于检测图像变化及运动物体的图像处理。减法运算可以作为很多图像处理的预处理过程，比如可以利用减法运算检测一系列相同场景图像的差异。此外，在使用图像减法运算时，通常需要考虑背景的更新机制，补偿因为天气和光照等因素对图像显示造成的影响。

例如，图像相减程序如下：

```
I1= imread ('circuit.tif');
imshow (I1);
I2= imread ('cameraman.tif ');
figure, imshow (I2);
I=imsubtract (I1, I2);
figure, imshow (I);
```

图像相减结果如图 2.8 所示。

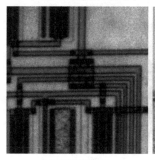  

　（a）原始图像 1　　　　　　　（b）原始图像 2　　　　　　　（c）两图相减结果

图 2.8　图像相减结果

2.4.3　乘法运算

进行乘法运算可以实现掩模操作，也就是屏蔽一部分，一幅图像乘以一个常数（缩放因子）通常称为缩放，这是常见的图像处理操作。若缩放因子大于 1，则图像亮度增大；若缩放因子小于 1，则图像会变暗。此外，由于时域卷积与频域乘积相对应，由于乘法运算有时也被作为一种技巧来实现卷积或进行相关处理。

例如，通过给定的缩放因子对如图 2.8 左侧所示的图像进行乘法处理，得到如图 2.8 右侧所示的较亮图像，可以描述为

```
I= imread ('circuit.tif');
imshow (I);
J=immultiply (I, 3.5);
figure, imshow (J);
```

图像相乘结果如图 2.9 所示。

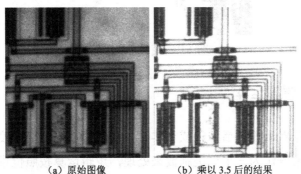

（a）原始图像　　　　　　（b）乘以 3.5 后的结果

图 2.9　图像相乘结果

2.4.4　除法运算

除法运算可以用于校正成像设备的非线性影响，在一些特殊形态的图像处理中经常被用到。除法运算也可以检测两幅图像之间的区别，但是除法运算仅给出相应像素值的变化率，而不是每个像素的绝对差异。例如，将两幅图像进行除法运算，其命令语句描述如下：

```
I1= imread ('cameraman.tif ');
J=double (I1);
K=J*0.35+90;
I2=uint8 (K);
I = imdivide (I1, I2);
imshow (I, [ ]);
```

图像相除结果如图 2.10 所示。

图 2.10　图像相除结果

2.4.5　逻辑运算

图像的逻辑运算包括与、或、非、异或、同或等，当灰度级进行逻辑操作时，像素值作为一个二进制数来处理，逻辑运算按照位进行，与、或运算通常作为模板，也就是通过这些操作可以从图像中提取子图像，突出子图像的内容。例如

```
A=zeros (256);
A (40:67, 67:100) = 1;
B=zeros (256);
B (50:80, 40:70) = 1;
C=and (A, B);
D=or (A, B);
E=not (B);
F=xor (A, B);
subplot (2, 3, 1); imshow (A); title ('A图');
subplot (2, 3, 2); imshow (B); title ('B图');
subplot (2, 3, 3); imshow (C); title ('A和B相与图');
subplot (2, 3, 4); imshow (D); title ('A和B相或图');
```

```
subplot (2, 3, 5); imshow (E); title ('B取反图');
subplot (2, 3, 6); imshow (F); title (' A和B异或图');
```

图像逻辑运算结果如图 2.11 所示。

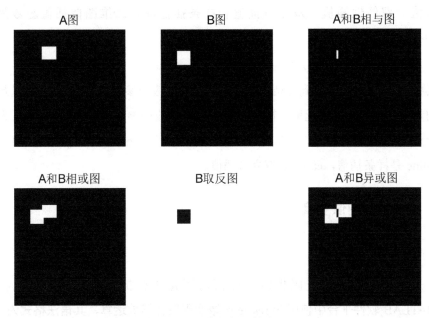

图 2.11　图像逻辑运算结果

2.5　数字图像几何运算

在数字图像处理过程中，有时需要对图像进行大小和几何的调整，比如将图像进行缩放和旋转等操作。此时图像的像素灰度值和坐标值都会发生变化，数字图像的坐标是整数，但经过这些变化后的坐标不一定是整数，因此需要对变化后的坐标进行估计。

2.5.1　图像插值

对数字图像进行缩放和旋转等操作时，像素的坐标将会发生变化，此时为了确保像素正好落在坐标处，可以利用插值方法。插值是常用的数学运算，通常利用曲线拟合的方法，通过离散采样点建立一个连续函数去逼近真实的曲线。图像插值方法比较多，常见的二维图像插值方法有最邻近插值、双线性插值、双立方插值和样条插值等。二维图像插值函数为interp2，其格式为

```
ZI = interp2 (X, Y, Z, XI, YI, 'method')
```

其中，ZI 表示插值得到的结果，其元素包含对应于参量 XI 与 YI（可以是向量或同型矩阵）的元素，输入数据 Z 包含对应的参量 X 和 Y，method 为指定的插值算法，例如，binear 是双线性插值算法，nearest 是最临近插值，spline 是样条插值，cubic 是双立方插值。

2.5.2　图像变换

1）图像缩放

图像缩放是指按照指定的比例对图像进行扩大或缩小，可以在MATLAB 软件平台中使用 imresize 函数实现图像缩放运算，其语法格式为

```
imresize (I, scale, method)
```

其中，I 是待处理的图像；scale 是进行缩放的倍数，若 scale 小于 1，则进行缩小操作，若 scale 大于 1，则进行放大操作。method 为指定的插值方法，如 blinear 为双线性插值算法，nearest 为最临近插值，bicubic 为双三次插值，默认为 nearest。例如，利用以下程序对图像进行缩放：

```
I=imread ('cameraman.tif ');
figure, imshow (I);
scale=0.5;
J=imresize (I, scale);
figure, imshow (J);
J1=imresize (I, [320, 480]);
figure, imshow (J1);
```

图像缩放运算结果如图 2.12 所示。程序中，[320, 480]表示将图像的大

小调整为 320×480，由此可见 imresize 可以改变图像的分辨率。

　　　　（a）原始图像　　　　　　　　　　　（b）图像缩小的结果

（c）图像放大的结果

图 2.12　图像缩放运算结果

2）图像旋转

　　图像旋转是指将图像按照某一个角度进行转动，图像旋转的函数是 imrotate，需要利用图像插值法对旋转后的图像进行插值，其常用语法格式为

```
imrotate=(I, angle, method)
```

其中，method 为指定的插值方法，比如 blinear 为双线性插值算法，nearest 为最邻近插值 bicubic 为双三次插值，默认为 nearest。例如，利用以下程序对图像进行旋转：

```
I=imread ('cameraman.tif ');
figure, imshow (I);
theta=30;
J= imrotate (I, theta);
figure, imshow (J);
```

图像旋转运算结果如图 2.13 所示。

3）图像裁剪

图像裁剪是指将图像不需要的部分去掉，保留感兴趣的部分，图像裁剪的函数为 imcrop，其语句格式为

```
IO=imcrop (I, rect)
```

　　　（a）原始图像　　　　　　　　　（b）图像旋转的结果

图 2.13　图像旋转运算结果

图像裁剪的第一种方法是交互式操作，也就是首先显示第一幅图像，然后执行该命令，利用鼠标在图像中选取感兴趣的区域，该区域会存储在矩阵 IO 中，第二种方法是调用 rect 规定了裁剪后的区域。例如，程序如下：

```
I=imread ('cameraman.tif ');
```

```
figure, imshow (I);
I1=imcrop;
figure, imshow (I1);
I2=imcrop (I, [75 68 130 112]);
figure, imshow (I2);
```

图像裁剪运算结果如图 2.14 所示。

（a）原始图像　　　　　　　　　（b）裁剪结果 1　　　　　　（c）裁剪结果 2

图 2.14　图像裁剪运算结果

2.6　数字图像点运算

假设原始图像为 $f(x,y)$，变换后图像为 $g(x,y)$，利用点运算可以表示为

$$g(x,y)=T\big[f(x,y)\big]$$

式中，T 为灰度变换函数。因此点运算可以在不改变图像内空间坐标关系的基础上，利用灰度变换函数改变图像的灰度值。

2.6.1　线性点运算

如果灰度变换函数为线性的，则此时灰度变换为线性点运算，比如

$$g(x,y)=af(x,y)+b$$

其中，当 $a=1$、$b=0$ 时，原始图像的灰度值不发生任何变化；当 $a=1$、$b \neq 0$ 时，图像灰度值增大或减小；当 $a>1$ 时，输出图像的对比度增大；当 $0<a<1$ 时，输出图像的对比度减小；当 $a<0$ 时，输出图像的亮区域变暗，暗区域变亮。当图像曝光不足或者过度时，图像灰度值就会限制在一个较小的范围内，此时利用线性点运算对图像进行处理，就能增大图像的对比度，改善视觉效果。例如，可以通过分段线性变换实现图像的对比度拉伸，假设分段线性变换函数为

$$g(x,y)=\begin{cases}\dfrac{c'-a'}{c-a}\big(f(x,y)-a\big)+a', & a \leqslant f(x,y)<c \\[2mm] \dfrac{d'-c'}{d-c}\big(f(x,y)-c\big)+c', & c \leqslant f(x,y)<d \\[2mm] \dfrac{b'-d'}{b-d}\big(f(x,y)-d\big)+d', & d \leqslant f(x,y)<b\end{cases}$$

式中，a、b、c、d 为变换前图像的灰度值，a'、b'、c'、d' 为变换后图像的灰度值。例如，利用一个分段函数去处理图像，其程序如下：

```
X1=imread ('cell.jpg');
figure, imshow (X1);
f0=0; g0=0; f1=70; g1=30; f2=180; g2=230; f3=255; g3=255;
figure, plot ([f0, f1, f2, f3], [g0, g1, g2, g3])       %绘制变换
曲线
axis tight, xlabel ('f'), xlabel ('g');
title ('intensity transformation');
r1=(g1-g0)/(f1-f0);             %求 0~70 灰度值范围内的压缩比
b1=g0-r1*f0;
r2=(g2-g1)/(f2-f1);             %求 70~180 灰度值范围内的压缩比
b2=g1-r2*f1;
r3=(g3-g2)/(f3-f2);             %求 180~255 灰度值范围内的压缩比
b3=g2-r3*f2;
[m, n]=size(X1);                %求矩阵的行数 m、列数 n
X2=double(X1);                  %对将数据类型转换为双精度型
%变换矩阵中的每个元素
for i=1:m
  for j=1:n
```

```
    g(i, j)=0;
    f=X2(i,j);
    if (f>=0) & (f<=f1);              %找出灰度值范围为 0~70 的元素
    g(i, j)=r1*f+b1;                  %对灰度值为 0~70 的元素进行灰度变换
    elseif (f>=f1) & (f<=f2);         %找出灰度值范围为 70~180 的元素
    g(i, j)=r2*f+b2;                  %对灰度值为 70~180 的元素进行灰度变换
    elseif (f>=f2) & (f<=f3);         %找出灰度值范围为 180~255 的元素
    g(i, j)=r3*f+b3;                  %对灰度值为 180~255 的元素进行灰度变换
    end
  end
end
figure, imshow (mat2gray(g));
```

图像分段函数运算结果如图 2.15 所示。

如果灰度变换公式为

$$g(x,y) = L-1-f(x,y)$$

则可以得到原始图像的反色图像，灰度值范围为 $[0, L-1]$。

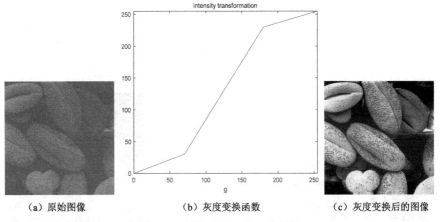

(a) 原始图像　　　　　　　　(b) 灰度变换函数　　　　　　　(c) 灰度变换后的图像

图 2.15　图像分段函数运算结果

例如，反色图像的程序为

```
X1=imread ('cameraman.tif ');
subplot(1,3,1), imshow (X1);
f1=200; g1=256;
subplot(1,3,1), plot ([0, f1], [g1, 0])
```

```
axis tight, xlabel ('f'), xlabel ('g'); title ('灰度变换曲线')
k=g1/f1;
[m, n]=size(X1);
X2=double(X1);
for i=1:m
  for j=1:n
  f=X2(i,j);
  g(i,j)=0;
  if (f>=0)& (f<=f1);
    g(i, j)=g1-k*f;
  else
    g(i, j)=0;
  end
  end
end
subplot(1,3,3), imshow (mat2gray(g));
```

图像反色运算结果如图 2.16 所示。

（a）原始图像

（c）反色后的图像

（b）灰度变换函数

图 2.16　图像反色运算结果

2.6.2　非线性点运算

成像设备的非线性失衡使得获得的图像有时很不理想，此时可以利用非线性点运算进行校正，常用的非线性点运算有对数变换，对数变换常用来扩展低值灰度、压缩高值灰度，可以使低值灰度的图像细节更容易看清楚。常用的对数变换（MATLAB 中的对数函数默认以 e 为底）为

$$g(x,y) = \log[f(x,y)+1]$$

对数变换的程序为

```
X1=imread ('cameraman.tif ');
subplot(1,2,1), imshow (X1);
I=double (X1); J=log(I+1);
subplot(1,2,2), imshow (J, []);
```

图像非线性点运算结果如图 2.17 所示。

（a）原始图像　　　　　　　　　（b）对数变换后的结果

图 2.17　图像非线性点运算结果

第 3 章　数字图像增强实验

3.1　引言

图像增强是一种常用的图像处理技术，它可将原来不清晰的图像变得清晰，主要强调某些感兴趣的特征，抑制不感兴趣的特征，使图像质量得到改善，改善图像判断和识别效果。目前常用的图像增强技术可以分为图像空域增强和图像频域增强。图像空域增强是指直接在图像所在的空间进行处理，图像频域增强是指在图像的变换域对图像进行间接处理。本章主要介绍数字图像空域增强、数字图像频域增强，使读者初步具备使用 MATLAB 软件平台进行数字图像增强的能力。

3.2　数字图像空域增强

本节利用 MATLAB 软件平台实现数字图像空域增强，实现图像空域增强的方法主要包括图像对比度拉伸、平衡去噪、图像锐化等。本节对于给定的噪声图像，使用均值滤波和中值滤波分别对高斯噪声与椒盐噪声进行滤波处理。

3.2.1　灰度变换图像增强

MATLAB 软件采用 imadjust 函数对图像进行灰度变换图像增强，将图像的灰度值返回一个新的数值范围，imadjust 函数的语法格式为

```
g=imadjust (f, [lowin highin], [lowout highout], gamma)
```

其中，f 是输入图像矩阵；g 是经过变换后的输出图像矩阵；lowin 和 highin 指定输入图像所在的灰度值范围；lowout 和 highout 指定输出图像所在的灰度值范围；gamma 是可选参数，通常来说灰度值范围为直线，但是通过调整 gamma 可以使其变为非线性。

值得注意的是，无论 f 是哪一类数据，此处的指定强度值都为[0,1]，如果 f 是 uint8 数据，则需要将指定的值乘以 255，然后将得到的结果作为实际的强度。如果 f 是 uint16 数据，则需要将指定的值乘以 65536。

此外，直方图是图像预处理最广泛的工具之一，它概括了一幅图像的灰度级分布概率。MATLAB 软件采用 imhist 函数显示指定图像的直方图，其常用的语法格式为

```
imhist (I, n)
imhist (X, map)
[counsts, x]=imhist (…)
```

其中，I 是输入图像；n 是指定的灰度级，默认为 256。imhist(X, map)计算索引颜色图像 X 的直方图，map 为调色板。[counsts, x]=imhist (…)返回直方图数据向量 counsts 或相应的色彩值向量 x。

例如，灰度变换图像增强程序如下：

```
I=imread ('cell.jpg');
G=imadjust (I, [0.3 0.7], [ ])
subplot(2,2,1), imshow (I);
subplot(2,2,2), imhist (I);
subplot(2,2,3), imshow (G);
subplot(2,2,4), imhist (G);
```

灰度变换图像增强结果如图 3.1 所示。

此外，也可以用数学中的非线性函数进行变换，比如平方、指数或对数等。直接使用灰度变换函数可以取得提高对比度的效果。对于低值灰度的图像，有时使用对数变换效果更好，对数变换可以对低值灰度进行扩展，可以使图像的细节更加清楚。

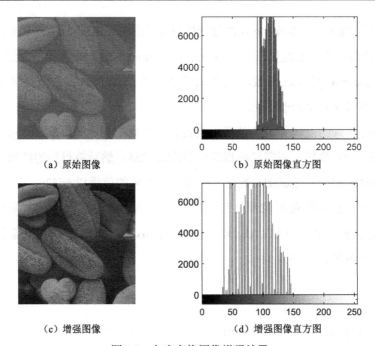

（a）原始图像   （b）原始图像直方图

（c）增强图像   （d）增强图像直方图

图 3.1   灰度变换图像增强结果

3.2.2   直方图图像增强

直方图反映了图像的明暗分布规律，对图像的直方图进行调整可以起到对图像增强的效果，下面介绍直方图均衡化和直方图匹配两种方法。

1）直方图均衡化

直方图均衡化的目的是使图像在整个灰度值动态范围内分布均匀，改善图像亮度分布，增强图像的视觉效果。在 MATLAB 软件中可以使用 histeq 函数对图像进行直方图均衡化，程序如下

```
X=histeq (Y, n)
X=histeq (Y, hgram)
[X, T]= histeq (Y, …)
new= histeq (Z, map)
new= histeq (Z, map, hgram)
```

其中，X=histeq (Y, n) 将原始图像 Y 变换成具有指定灰度级数目 n 的输出图

像 X，n 的默认值为 64。X=histeq (Y, hgram) 表示将原始图像 Y 的直方图变换为指定向量 hgram，hgram 中元素的范围为[0,1]。[X, T]= histeq (Y, …) 返回能从图像 Y 的灰度直方图变换成图像 X 的直方图的变换 T。new= histeq (Z, map) 用来对索引图像 Z 进行处理，索引图像的返回值 new 是输出图像的调色板 map。new= histeq (Z, map, hgram) 将索引图像 Z 的直方图变换成用户指定的向量 hgram。

　　例如，灰度直方图均衡化的程序如下

```
I=imread ('cameraman.tif ');
G= histeq (I);
subplot(2,2,1), imshow (I);
subplot(2,2,2), imhist (I, 64);
subplot(2,2,3), imshow (G);
subplot(2,2,4), imhist (G, 64);
```

图像灰度直方图均衡化结果如图 3.2 所示。

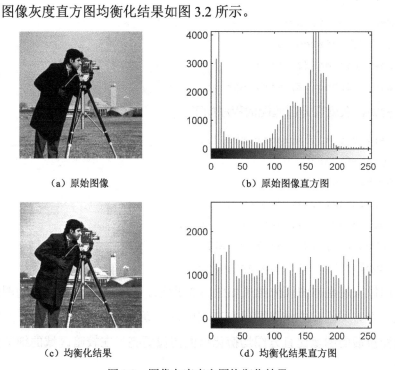

　　（a）原始图像　　　　　　　　　　　　（b）原始图像直方图

　　（c）均衡化结果　　　　　　　　　　　（d）均衡化结果直方图

图 3.2　图像灰度直方图均衡化结果

从结果可以看出，处理后的图像的直方图分布更均匀，图像在每个灰度级上几乎都有像素点。从处理后的结果可以看出，原始图像中看不清楚的细节在直方图均衡化处理后所得的图像中变得十分清晰。

2）直方图匹配

直方图均衡化的优点是可以提高原始图像的对比度，然而这种提高往往不容易被控制。实际应用中有时需要将直方图变换成某一个形状，进而控制在有效的灰度范围内，该方法称为直方图匹配，直方图匹配主要包括三个步骤。

首先，对原始图像进行均衡化；

然后，对规定的直方图计算其均衡化的变换公式，并求其逆变换；

最后，将均衡化的图像，按逆变换得到规定的直方图。

MATLAB 软件也可以利用以下函数进行直方图匹配

```
X=histeq (Y, n)
X=histeq (Y, hgram)
[X, T]= histeq (Y, …)
new= histeq (Z, map)
new= histeq (Z, map, hgram)
```

例如，灰度直方图匹配的程序如下

```
I=imread ('cameraman.tif ');
hgram=0:255;
G= histeq (I, hgram);
subplot(2,2,1), imshow (I);
subplot(2,2,2), imhist (I, 64);
subplot(2,2,3), imshow (G);
subplot(2,2,4), imhist (G, 64);
```

图像灰度直方图匹配结果如图 3.3 所示。与直方图均衡化后的图像相比较，直方图匹配的结果图像在高灰度值一侧更为密集，直方图按照指定形状变换后的图像比直方图均衡化后的图像更亮，在较暗区域的细节更加清楚。

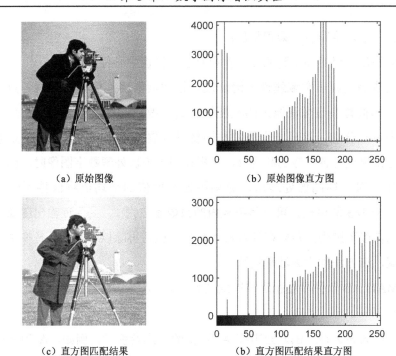

（a）原始图像　　　　　　　　　（b）原始图像直方图

（c）直方图匹配结果　　　　　　（b）直方图匹配结果直方图

图 3.3　图像灰度直方图匹配结果

3.2.3　空域滤波图像增强

空域滤波图像增强是基于邻域操作的，在邻域内实现增强操作，通常可以利用模板与图像进行卷积。每个模板实际上都是一个二维数组，其中各元素的取值决定了模板的功能，该模板称为空域滤波。空域滤波图像增强根据功能可以分为空域平滑滤波和空域锐化滤波，本节先介绍空域平滑滤波。

空域平滑滤波主要包括线性平滑滤波和非线性平滑滤波，主要的作用是去除邻域内的噪声等细节，从而实现整幅图像的平滑。

线性平滑滤波器基本都利用模板卷积，主要包括以下几个步骤。

第一步，将模板在图像上移动，将模板中心与图像中某个像素的位置重合；

第二步，将模板上的系数与模板下对应的像素相乘；

第三步，将所有的乘积相加；

第四步，用相加得到的数值替换对应的模板中心位置像素。

均值滤波属于空域线性平滑滤波，该滤波器用某像素邻域内各点灰度值的平均值替换该像素原来的灰度值。具体做法为对模板沿水平和垂直两个方向逐点移动，这样一个模块与图像进行卷积运算，进而平滑了整幅图像。通常模板内各系数的和为 1，这样在用该模板处理数字图像时，图像没有变化，对一幅图像处理后，整幅图像灰度值的平均值将保持不变。例如，一个 3×3 的模板，可以将模板内的系数都取为 1，为保证输出图像仍在原来的灰度范围内，需要在计算模板输出响应后再除以 9，然后替换中心像素位置，该方法称为邻域平均法。

MATLAB 软件中卷积运算的函数为 conv2，其语法格式为

```
C=conv2 (A, B)
```

其中，C=conv2 (A, B)返回矩阵 A 和 B 的二维卷积 C。例如，A 为 ma×na 的矩阵，B 为 mb×nb 的矩阵，则 C 的大小为(ma+mb+1)×(na+nb+1)。

此外，MATLAB 图像处理工具箱还提供了图像滤波函数 filter2，其语法格式为

```
y=filter2 (f, x)
```

其中，y=filter2 (f, x) 返回图像 x 经算子 f 滤波后的结果，默认得到的图像 y 与输入图像 x 的大小相同。此外，filter2 与 conv2 的关系为，使用 filter2 时先将卷积核旋转 180°，再利用 conv2 进行运算。

利用图像滤波还需要使用 fspecial 函数来定义滤波算子，其语法格式为

```
f=fspecial (class)
f=fspecial (class, p)
```

其中，class 为类型，p 为相应的参数，详细情况如下。

class='average'是均值滤波器，参数包括尺寸 n，需要用向量表示，默认是[3, 3]。

class='gaussian'是高斯低通滤波器，参数包括尺寸 n 和标准差 sigma。尺寸用向量表示，默认是[3, 3]；标准差用像素表示，默认值是 0.5 像素。

class='laplacian'是拉普拉斯滤波器，参数包括形状 alpha，用来控制滤波器的形状，其取值范围为[0, 1]，默认值为 0.2。

class='log'是拉普拉斯高斯滤波器，参数包括尺寸 n 和标准差 sigma。尺寸用向量表示，默认是[3, 3]；标准差用像素表示，默认值是 0.5 像素。

class='prewitt'是 prewitt 滤波器，用于边缘增强，无参数。

class='sobel'是 sobel 滤波器，用于边缘提取，无参数。

class='unsharp'是对比度增强滤波器，参数包括形状 alpha，用来控制滤波器的形状，其取值范围为[0, 1]，默认值为 0.2。

例如，一个 3×3 模板的均值滤波器的程序如下

```
I=imread ('circuit.tif ');
J=imnoise (I, 'salt & pepper', 0.02);
K= filter2 (fspecial ('average', 3), J)/255;
subplot (1,3,1), imshow (I);
subplot (1,3,2), imshow (J);
subplot (1,3,3), imshow (K);
```

均值滤波器结果如图 3.4 所示。

（a）原始图像　　　　　　（b）椒盐噪声图像　　　　（c）3×3 模板均值滤波器结果

图 3.4　原始图像、椒盐噪声图像和 3×3 模板均值滤波器结果

此外，MATLAB 软件还提供了一个滤波器函数 imfilter，可直接作为均值滤波器。

例如，利用 imfilter 函数的均值滤波器的程序如下

```
I=imread ('circuit.tif ');
J=imnoise (I, 'salt & pepper', 0.02);
```

```
h=ones (5, 5)/25;
K=imfilter (I, h);
subplot (1,3,1), imshow (I);
subplot (1,3,2), imshow (J);
subplot (1,3,3), imshow (K);
```

均值滤波器结果如图 3.5 所示。

（a）原始图像　　　　　　　（b）椒盐噪声图像　　　　（c）5×5 模板均值滤波器结果

图 3.5　原始图像、椒盐噪声图像和 5×5 模板均值滤波器结果

非线性平滑滤波器最常用的是中值滤波器之一，它的具体步骤如下。

第一步，将模板在图像中移动，并将模板中心与图像某个像素的位置重合；

第二步，读取模板对应的像素灰度值；

第三步，将这些灰度值从大到小进行排列；

第四步，找出这些数值的中间值；

第五步，用这个中间值替换中心位置的像素。

MATLAB 软件利用 medfilt2 函数实现中值滤波，其语法格式为

```
Y= medfilt2 (X)
```

表示默认用 3×3 模板对图像 X 进行中值滤波，或者

```
Y= medfilt2 (X, [m n])
```

表示用大小为 m×n 的模板对图像 X 进行中值滤波。

例如，中值滤波的程序如下

```
I=imread ('circuit.tif ');
J=imnoise (I, 'salt & peppe', 0.02);        %给图像添加椒盐噪声
```

```
K1= filter2 (fspecial ('average', 3), J)/255;    %3×3 均值滤波
K2= medfilt2 (J, [3 3]);                          %3×3 中值滤波
subplot (2,2,1), imshow (I), title ('原始图像');
subplot (2,2,2), imshow (J), title ('噪声图像');
subplot (2,2,3), imshow (K1), title ('均值滤波');
subplot (2,2,4), imshow (K2), title ('中值滤波');
```

仿真结果如图 3.6 所示。

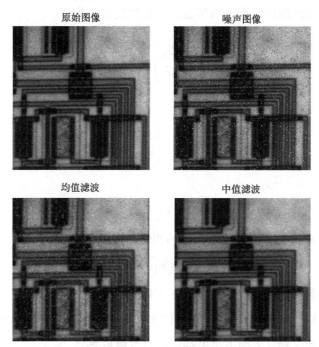

图 3.6　原始图像、椒盐噪声图像、3×3 模板均值滤波器和 3×3 模板中值滤波器结果

　　由结果可以发现，均值滤波器是一种常用的线性平滑滤波器，可以抑制图像中的噪声，但是同时会使图像变得模糊。而中值滤波器作为一种常见的非线性平滑滤波器，对椒盐噪声的处理效果更好，且可以产生更少的模糊。

3.2.4　空域锐化滤波

　　空域锐化滤波可以提取图像轮廓，增强图像边缘，突出图像中的细节

与噪声，使得图像变得清晰。空域锐化滤波的主要步骤与线性平滑滤波相同，只是模板的系数不同。因为图像的边缘和轮廓都处在灰度突变的地方，所以空域锐化滤波的实现机理是基于微分作用的。常见的空域锐化滤波有梯度算子锐化滤波和拉普拉斯算子锐化滤波。

1）梯度算子锐化滤波

梯度算子主要利用一阶微分运算突出图像 $f(x, y)$ 在水平与垂直方向上的信息，突出图像边缘和细节信息。图像梯度表示为

$$\nabla f = \begin{bmatrix} G_x \\ G_y \end{bmatrix} = \begin{bmatrix} \dfrac{\partial f}{\partial x} \\[2mm] \dfrac{\partial f}{\partial y} \end{bmatrix}$$

$$\nabla f = \left[G_x^2 + G_y^2 \right]^{\frac{1}{2}} = \left[\left(\frac{\partial f}{\partial x} \right)^2 + \left(\frac{\partial f}{\partial y} \right)^2 \right]^{\frac{1}{2}}$$

近似等于

$$\nabla f = |G_x| + |G_y|$$

假设 $g(x, y)$ 为梯度算子锐化后的图像，则可以表示为

$$g(x, y) = \nabla \left[f(x, y) \right]$$

将其进行离散化处理，梯度算子可以表示为

$$\nabla f(x, y) = \left[f(x+1, y+1) - f(x, y) \right] + \left[f(x+1, y) - f(x, y+1) \right]$$

则梯度算子在 x 和 y 方向上可以分别用以下模板表示

$$\begin{bmatrix} 0 & 0 & 0 \\ 0 & 1 & 0 \\ 0 & 0 & -1 \end{bmatrix} 和 \begin{bmatrix} 0 & 0 & 0 \\ 0 & 0 & 1 \\ 0 & -1 & 0 \end{bmatrix}$$

该算子就是 Robert 锐化算子，根据模板系数的不同，其他算子有 Sobel 锐化算子（简称 Sobel 算子）、Prewitt 锐化算子（简称 Prewitt 算子）等。

例如，采用两种锐化算子对图像进行锐化处理的程序如下

```
I=imread ('cameraman.tif ');
H1=fspecial ('sobel');
```

```
I1=filter2 (H1, I);
H2=fspecial ('prewitt');
I2=filter2 (H2, I);
subplot (1,3,1), imshow (I), title ('原始图像');
subplot (1,3,2), imshow (I1), title ('Sobel 算子锐化图像');
subplot (1,3,3), imshow (I2), title ('Prewitt 算子锐化图像');
```

两种锐化算子的锐化结果如图 3.7 所示。

原始图像　　　　　　　　Sobel算子锐化图像　　　　　　Prewitt算子锐化图像

图 3.7　两种锐化算子的锐化结果

2）拉普拉斯算子锐化滤波

拉普拉斯算子通过二阶微分运算达到增强目的，拉普拉斯算子可以表示为

$$\nabla^2 f = \frac{\partial^2 f}{\partial^2 x} + \frac{\partial^2 f}{\partial^2 y}$$

将其进行离散化处理，梯度算子可以表示为

$$\nabla^2 f(x,y) = \left[f(x+1,y) + f(x-1,y) + f(x,y+1) + f(x,y-1) - 4f(x,y) \right]$$

则拉普拉斯算子在 x 和 y 方向上可以用以下模板表示

$$\begin{bmatrix} 1 & 0 & 1 \\ 0 & -4 & 0 \\ 1 & 0 & 1 \end{bmatrix}$$

例如，采用拉普拉斯锐化算子（简称拉普拉斯算子）对图像进行锐化处理的程序如下

```
I=imread ('cameraman.tif ');
```

```
H=fspecial ('Laplacian');
I1=filter2 (H, I);
subplot (1,2,1), imshow (I), title ('原始图像');
subplot (1,2,2), imshow (I1), title ('拉普拉斯算子锐化图像');
```

拉普拉斯算子的锐化结果如图 3.8 所示。

原始图像   拉普拉斯算子锐化图像

图 3.8　拉普拉斯算子的锐化结果

3.3　数字图像频域增强

数字图像增强除了可以在空域进行处理，还可以在频域进行处理。在频域中，图像的信息表现为不同频率分量的组合。频域增强就是让某个范围内的分量或某些频率的分量受到抑制而让其他分量不受影响，通过改变输出图像的频率分布，达到不同的增强目的。

数字图像频域增强方法通常包括三个步骤：

第一步，将原始图像 $f(x,y)$ 通过傅里叶变换变换到频域，得到 $F(u,v)$；

第二步，在频域中通过不同的滤波器变换函数 $H(u,v)$ 对图像进行不同的增强，空域的卷积相当于频域内的乘积，因此可以利用以下公式得到频域增强图像 $G(u,v)$

$$G(u,v) = F(u,v)H(u,v)$$

第三步，将增强后的图像从频域变换回空域，得到增强后的图像 $g(x,y)$。

在频域中，图像的高频分量通常为图像灰度突出的部分，常表示为图像边缘信息或者噪声信息；低频分量指图像变化平缓的部分，常表示为图像背景或区域信息。若滤波器变换函数 $H(u,v)$ 抑制图像的高频分量、通过图像的低频分量，则该滤波器称为低通滤波器；反之则为高通滤波器。如果 $H(u,v)$ 使图像在某一部分的频率信息通过，而其他两边的信息被抑制，则称为带通滤波器，反之则为带阻滤波器。

3.3.1 图像的傅里叶变换

在数字图像处理中主要关注二维离散傅里叶变换（Discrete Fourier Transform，DFT）。在 MATLAB 软件中，使用函数 FFT2 实现快速傅里叶变换，其常用的语法格式为

```
Y=FFT2 (X)
```

返回图像 X 的二维傅里叶变换矩阵 Y，输入图像和输出图像的大小相同。

使用函数 IFFT2 可以实现快速傅里叶逆变换，其语法格式为

```
Y=IFFT2 (X)
```

返回图像 X 的二维傅里叶逆变换矩阵 Y，输入图像和输出图像的大小相同。此外，fftshift 函数为移动频谱原点到中心的函数。

例如，将一幅图像进行傅里叶变换，其程序如下

```
m=zeros (256, 256);
m (108:148, 108:148) =1;
M=fft2 (m);
F2=log (1+abs(fftshift (M)));              %进行对数变换可以改善观感
subplot (1,2,1), imshow (m, []), title ('原始图像');
subplot (1,2,2), imshow (F2, []), title ('傅里叶变换结果');
```

图像的傅里叶变换结果如图 3.9 所示。

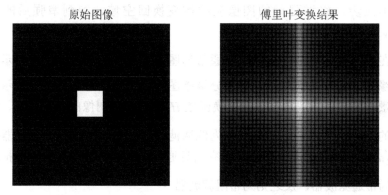

图 3.9　图像的傅里叶变换结果

3.3.2　低通滤波器

图像的背景和区域信息在频域中对应的是低频部分，低通滤波器函数 $H_1(u,v)$ 可以让低频信号通过并且抑制高频成分，因此能够平滑图像和去除噪声。常用的低通滤波器包括理想低通滤波器、巴特沃斯低通滤波器、指数低通滤波器等。

理想低通滤波器函数为

$$H_1(u,v) = \begin{cases} 1, & D(u,v) \leqslant D_0 \\ 0, & D(u,v) > D_0 \end{cases}$$

巴特沃斯低通滤波器函数为

$$H_1(u,v) = \frac{1}{1 + \left[D(u,v)/D_0 \right]^{2n}}$$

指数低通滤波器函数为

$$H_1(u,v) = \mathrm{e}^{-\left[D(u,v)/D_0 \right]^n}$$

式中，$D(u,v) = \sqrt{u^2 + v^2}$ 表示 (u,v) 到原点的距离，D_0 表示截止频率点到原点的距离。

例如，巴特沃斯低通滤波器的程序如下

```
I=imread ('circuit.tif ');
J=imnoise (I, 'salt & peppe');
[M N]=size (J);
F=fft2 (J); F=fftshift (F);
M1=fix (M/2); N1=fix (N/2);
for u=1:M
    for v=1:N
      D=sqrt ((u-M1)^2+(v-N1)^2);
      H (u, v)=1/(1+0.414*(D/50)^2);        %巴特沃斯低通滤波器
    end
end
F1=H.*F; F1=ifftshift (F1);
I2=abs (ifft2(F1));
subplot (1,2,1), imshow (J, []), title ('噪声图像');
subplot (1,2,2), imshow (I2, []), title ('巴特沃斯低通滤波器处
理结果');
```

图像的巴特沃斯低通滤波器的处理结果如图 3.10 所示。

（a）噪声图像   （b）巴特沃斯低通滤波器处理结果

图 3.10   图像的巴特沃斯低通滤波器的处理结果

此外，函数 lpfilter 可以实现低通滤波，其语法格式为

```
H= lpfilter (CLASS, M, N, D0, n)
```

该函数的程序为

```
function [ H, D ] = lpfilter( type,M,N,D0,n )
```

```
[U, V] = dftuv(M,N);
D = sqrt(U.^2 + V.^2);
switch type
    case 'ideal'
        H = double(D <= D0);
    case 'btw'
        if nargin == 4
            n = 1;
        end
        H = 1./(1+(D./D0).^(2*n));
    case 'gaussian'
        H = exp(-(D.^2)./(2*(D0^2)));
    otherwise
        error ('Unkown filter type');
end
```

其中，D0 表示截止频率点到原点的距离；M 和 N 分别是图像的行和列。CLASS 表示低通滤波器的类型，ideal 为理想低通滤波器，btw 为巴特沃斯低通滤波器，gaussian 为高斯低通滤波器。

dftuv 为实现频域滤波器的网格函数，其程序为

```
function [ U,V ] = dftuv( M, N )
u = 0:(M - 1);
v = 0:(N - 1);
idx = find(u > M/2); %找大于 M/2 的数据
u(idx) = u(idx) - M; %将大于 M/2 的数据减去 M
idy = find(v > N/2);
v(idy) = v(idy) - N;
[V, U] = meshgrid(v, u);
```

3.3.3 高通滤波器

图像边缘和噪声对应的是频域中的高频部分，采用高通滤波器可以让高

频分量通过，抑制低频分量，使图像的边缘和轮廓变得清晰，实现图像的锐化。可以通过低通滤波器函数 $H_1(u,v)$ 得到相应的高通滤波器函数 $H_h(u,v)$，则相应的高通滤波器函数应为

$$H_h(u,v) = 1 - H_1(u,v)$$

理想高通滤波器函数为

$$H_h(u,v) = \begin{cases} 1, & D(u,v) \geqslant D_0 \\ 0, & D(u,v) < D_0 \end{cases}$$

巴特沃斯高通滤波器函数为

$$H_h(u,v) = \frac{1}{1 + \left[D_0 / D(u,v) \right]^{2n}}$$

指数高通滤波器函数为

$$H_h(u,v) = e^{-\left[D_0 / D(u,v) \right]^n}$$

式中，$D(u,v) = \sqrt{u^2 + v^2}$ 表示 (u,v) 到原点的距离，D_0 表示截止频率点到原点的距离。

由于经过高通滤波后图像会丢失许多低频信息，因此图像的平滑区域几乎消失，所以需要利用高频加强去弥补。高频加强就是在原有的高通滤波器函数 $H_h(u,v)$ 上加一个大于 0 的常数 n，即

$$H_h^*(u,v) = H_h(u,v) + n$$

则高通滤波后的结果可以表示为

$$G(u,v) = F(u,v)H_h^*(u,v) = F(u,v)H_h(u,v) + nF(u,v)$$

由于通过 $nF(u,v)$ 保留了低通分量，因此效果比一般的高通滤波好。此外，高通滤波器的滤波效果也可以通过将原始图像减去低通滤波结果而得到。

例如，巴特沃斯高通滤波器的程序如下

```
I=imread ('circuit.tif ');
J=imnoise (I, 'salt & peppe');
[M N]=size (J);
F=fft2 (J); F=fftshift (F);
M1=fix (M/2); N1=fix (N/2);
```

```
for u=1:M
   for v=1:N
      D=sqrt ((u-M1)^2+(v-N1)^2);
      if D==0
         H (u, v)=0;
      else
         H (u, v)=1/(1+0.414*(50/D)^2);        %巴特沃斯低通滤波器
      end
   end
end
F1=H.*F; F1=ifftshift (F1);
I2=abs (ifft2(F1));
subplot (1,2,1), imshow (J, []), title ('噪声图像');
subplot (1,2,2), imshow (I2, []), title ('巴特沃斯高通滤波器处
理结果');
```

图像的巴特沃斯高通滤波器的处理结果如图 3.11 所示。

(a) 噪声图像   (b) 巴特沃斯高通滤波器处理结果

图 3.11 图像的巴特沃斯高通滤波器的处理结果

此外，可以通过定义高通滤波器函数 hpfilter 直接实现高通滤波，利用
以下语句可实现该函数

```
function H = hpfilter (CLASS, M, N, D0, n)
Hlp = lpfilter (CLASS, M, N, D0, n);
H = 1 - Hlp;
```

第4章 数字图像复原实验

4.1 引言

数字图像复原是利用图像退化过程中的先验模型去重构一幅图像，达到改善图像质量的目的。本章将介绍数字图像复原实验，主要包括数字图像复原理论基础和数字图像复原滤波器，使读者初步具备使用 MATLAB 软件平台进行数字图像复原的能力。

4.2 数字图像复原理论基础

4.2.1 图像退化模型

进行图像复原首先需要建立图像退化模型，假设 $f(x,y)$ 是理想图像，$g(x,y)$ 是退化图像，$n(x,y)$ 表示噪声，$h(x,y)$ 表示退化函数，则一个线性空间不变的图像退化过程可以表示为

$$g(x,y) = f(x,y) * h(x,y) + n(x,y)$$

式中，*表示卷积运算。该公式表示在空域的退化过程。在频域的退化过程可以表示为

$$G(u,v) = F(u,v)H(u,v) + N(u,v)$$

式中，$G(u,v)$、$F(u,v)$、$N(u,v)$ 和 $H(u,v)$ 分别是退化图像、理想图像、噪声和退化函数的傅里叶变换。在 MATLAB 中，$h(x,y)$ 和 $H(u,v)$ 可以通过函数 otf2psf 和 psf2otf 实现彼此的转换，其常用语法为

```
otf=psf2otf (psf, outsize)
psf=otf2psf (otf, outsize)
```

其中，维度大小由 outsize 指定，默认为与输入数据的大小相同。

4.2.2　噪声模型

图像退化过程通常是因为受到噪声影响，所以需要对噪声的性质和影响进行建模仿真，噪声模型可以通过概率密度函数表示。常见的噪声概率分布包括均匀分布、高斯分布、对数正态分布、瑞利分布和指数分布等。如表 4.1 所示为常见的噪声概率分布。

表 4.1　常见的噪声概率分布

名　称	概率密度函数	均值和方差	生　成　方　法
均匀分布	$p(z)=\begin{cases}\dfrac{1}{b-a} & a\leqslant z\leqslant b \\ 0 & \text{其他}\end{cases}$	$m=\dfrac{a+b}{2}$ $\sigma^2=\dfrac{(b-a)^2}{12}$	用 rand 函数
高斯分布	$p(z)=\dfrac{1}{\sqrt{2\pi}b}e^{-(z-a)^2/2b^2}\quad -\infty<z<\infty$	$m=a$ $\sigma^2=b^2$	用 rand 函数
对数正态分布	$p(z)=\dfrac{1}{\sqrt{2\pi}bz}e^{-(\ln z-a)^2/2b^2},\quad z>0$	$m=e^{a+(b^2/2)^2}$ $\sigma^2=\left(e^{b^2}-1\right)e^{2a+b^2}$	$z=e^{bN(0,1)+a}$，$N(0,1)$ 为均值是 0、方差是 1 的高斯分布随机数
瑞利分布	$p(z)=\begin{cases}\dfrac{2}{b}(z-a)e^{-(z-a)^2/b} & z\geqslant a \\ 0 & z<a\end{cases}$	$m=a+\sqrt{\pi b/4}$ $\sigma^2=b(1-\pi/4)$	$z=a+\sqrt{-b\ln\left[1-U(0,1)\right]}$，$U(0,1)$ 表示 $(0,1)$ 范围内均匀分布的随机数
指数分布	$p(z)=\begin{cases}ae^{-az} & z\geqslant 0 \\ 0 & z<0\end{cases}$	$m=1/a$ $\sigma^2=1/a^2$	$z=-\dfrac{1}{a}\ln\left[1-U(0,1)\right]$
爱尔朗分布	$p(z)=\dfrac{a^b z^{b-1}}{(b-1)!}e^{-az}\quad z\geqslant 0$	$m=b/a$ $\sigma^2=b/a^2$	$z=E_1+E_2+\cdots+E_b$，E_i 是参数为 a 的指数分布随机数
椒盐分布	$p(z)=\begin{cases}P_p & z=0 \\ P_s & z=2^n-1 \\ 1-(P_p+P_s) & z=k,\ 0<k<2^n-1\end{cases}$	$m=P_p+k(1-P_p-P_s)+$ $(2^n-1)P_s$ $\sigma^2=(0-m)^2P_p+$ $(k-m)^2(1-P_p-P_s)+$ $(2^n-1-m)^2P_s$	用 rand 函数，经简单逻辑运算可产生椒盐分布随机噪声

4.2.3　退化函数估计

可以用数学建模方法来估计退化函数，其中，图像模糊是最为常见的图像退化现象之一，它主要由以下两种情况产生。一是拍摄场景和摄像机相对静止，这种模糊可以用空域低通滤波实现；另一种是场景与摄像机之间均匀的线性运动产生的模糊，可以用 MATLAB 软件中的 fspecial 函数来实现，首先利用 fspecial 函数产生运动模糊的点扩散函数，然后用 imfilter 函数产生模糊图像。

4.3　数字图像复原滤波器

4.3.1　空域复原滤波器

如果图像退化仅仅是由噪声引起的，不需要考虑点扩散函数，则可以采用空域复原滤波器降低或抑制噪声，常见的空域复原滤波器主要包括算术平均滤波器、中值滤波器、最大值滤波器、最小值滤波器、中点滤波器、几何平均滤波器等，它们的描述及其相关实现方法如表 4.2 所示。表中，S_{xy} 是噪声污染图像 $g(x,y)$ 中大小为 $m \times n$ 的子图像。

表 4.2　常见的空域复原滤波器的描述及其相关实现方法

名　　称	概率密度函数	实现方法
算术平均滤波器	$f(x,y) = \dfrac{1}{mn} \sum_{(s,t) \in S_{xy}} g(s,t)$	w=fspecial ('average', [m, n]) f=imfilter (g, w)
中值滤波器	$f(x,y) = \underset{(s,t) \in S_{xy}}{\text{median}} \{g(s,t)\}$	f=medfilt2 (g, [m, n], 'symmetric')
最大值滤波器	$f(x,y) = \underset{(s,t) \in S_{xy}}{\max} \{g(s,t)\}$	f=imdilate (g, ones (m, n))
最小值滤波器	$f(x,y) = \underset{(s,t) \in S_{xy}}{\min} \{g(s,t)\}$	f=imerode (g, ones (m, n))
中点滤波器	$f(x,y) = \dfrac{1}{2} \left[\underset{(s,t) \in S_{xy}}{\max} \{g(s,t)\} + \underset{(s,t) \in S_{xy}}{\min} \{g(s,t)\} \right]$	用最大和最小滤波结果之和的二分之一计算
几何平均滤波器	$f(x,y) = \left[\prod_{(s,t) \in S_{xy}} g(s,t) \right]^{\frac{1}{mn}}$	定义函数 spfilt

（续表）

名　　称	概率密度函数	实现方法
调和平均滤波器	$f(x,y)=\dfrac{mn}{\displaystyle\sum_{(s,t)\in S_{xy}}\dfrac{1}{g(s,t)}}$	定义函数 spfilt
反调和平均滤波器	$f(x,y)=\dfrac{\displaystyle\sum_{(s,t)\in S_{xy}}g(s,t)^{Q+1}}{\displaystyle\sum_{(s,t)\in S_{xy}}g(s,t)^{Q}}$	定义函数 spfilt
α 截断平均滤波器	$f(x,y)=\dfrac{1}{mn-d}\displaystyle\sum_{(s,t)\in S_{xy}}g_r(s,t)$	去掉 S_{xy} 最大和最小的各 $d/2$ 个像素。$g_r(s,t)$ 表示邻域中剩余的 $(mn-d)$ 个像素。定义函数 spfilt

定义函数 spfilt 如下

```
function f=spfilt(g,type,m,n,parameter)
```
%spfilt 执行线性和非线性的空域滤波器，g 为原始图像，type 为滤波器类型，m*n 为滤波器模板大小

%处理输入参数
```
if nargin==2
    m=3;n=3;Q=1.5;d=2;
elseif nargin==5
    Q=parameter;d=parameter;
elseif nargin==4
    Q=1.5;d=2;
else
    error('Wrong number of inputs.');
end
```
%开始执行滤波
```
switch type
    case 'amean'%算术平均滤波器
        w=fspecial('average',[m n]);
        f=imfilter(g,w,'replicate');
    case 'gmean'%几何平均滤波器
        f=gmean(g,m,n);
    case 'hmean'%调和平均滤波器
```

```
            f=harmean(g,m,n);
    case 'chmean'%反调和平均滤波器，Q 的默认值是 1.5
            f=charmean(g,m,n,Q);
    case 'median'%中值滤波器
            f=medfilt2(g,[m n],'symmetric');
    case 'max'%最大值滤波器
            f=ordfilt2(g,m*n,ones(m,n),'symmetric');
    case 'min'%最小值滤波器
            f=ordfilt2(g,1,ones(m,n),'symmetric');
    case 'midpoint'%中值滤波器
            f=ordfilt2(g,1,ones(m,n),'symmetric');
            f=ordfilt2(g,m*n,ones(m,n),'symmetric');
            f=imlincomb(0.5,f1,0.5,f2);
    case 'atrimmed'%顺序平均值滤波，d 必须是非负数，默认值是 2
        if(d<0)|(d/2~=round(d/2))
            error('d must be a nonnegative,even integer.')
        end
        f=alphatrim(g,m,n,d);
    otherwise
        error('Unkown filter type.')
end
```

4.3.2 频域复原滤波器

噪声也可以用傅里叶谱描述，常见的用傅里叶谱描述的噪声为周期噪声，周期噪声是在图像采集过程中因电气或机电干扰而产生的一种空间相关噪声。周期噪声的傅里叶谱存在明显的尖峰脉冲，可以采用属于频域滤波器的陷波带阻滤波器去除这种频域尖峰噪声。陷波带阻滤波器函数为

$$H_{NR}(u,v) = \prod_{(s,t)\in S_{xy}}^{Q} H_k(u,v)H_{-k}(u,v)$$

$H_k(u,k)$ 和 $H_{-k}(u,k)$ 为中心频率位于 (u_k,v_k) 和 $(-u_k,-v_k)$ 的高通滤波器，频域中心位于 $(M/2,N/2)$。高通滤波器中的距离计算如下

$$D_k(u,v) = \sqrt{\left(u - M/2 - u_k\right)^2 + \left(v - N/2 - v_k\right)^2}$$

$$D_k(u,v) = \sqrt{\left(u - M/2 + u_k\right)^2 + \left(v - N/2 + v_k\right)^2}$$

可以定义函数 recnotch 来实现陷波带阻滤波器，语法如下

```matlab
function H=recnotch(notch,mode,M,N,W,SV,SH)
%生成矩形陷波带阻滤波器
%M,N 为滤波图像的大小
%W 为滤波轴的宽
%SV,SH 分别定义垂直轴和水平轴的范围(-SV,SV)(-SH,SH)
if nargin==4
    W=1;
    SV=1;
    SH=1;
elseif nargin~=7
    error('输入的参数数量错误')
end
if strcmp(mode,'both')%水平轴、垂直轴都滤波
    AV=0;
    AH=0;
elseif strcmp(mode,'horizontal')%只滤波水平轴
    AV=0;
    AH=1;
elseif strcmp(mode,'vertical')
    AV=1;
    AH=0;
end
if iseven(W)
    error('W 必须为奇数')
end
H=rectangleReject(M,N,W,SV,SH,AV,AH);
H=processOutput(notch,H)
```

```
function H=rectangleReject(M,N,W,SV,SH,AV,AH)
H=ones(M,N,'single')
UC=floor(M/2)+1;
VC=floor(N/2)+1;
WL=(W-1)/2;
H(UC-WL:UC+WL,1:VC-SH)=AH;
H(UC-WL:UC+WL,VC+SH:N)=AH;
H(1:UC-SV,VC-WL:VC+WL)=AV;
H(UC+SV:M,VC-WL:VC+WL)=AV;


function H=processOutput(notch,H)
H=ifftshift(H);
if strcmp(notch,'pass')
    H=1-H;
end
```

4.3.3 维纳滤波器

维纳滤波器是在使未退化图像与复原估计图像差的平方的数学期望最小化的意义下得到的，其频域滤波方程为

$$F(u,v)=\left[\frac{1}{H(u,v)}\frac{|H(u,v)|^2}{|H(u,v)|^2+S_q(u,v)/S_f(u,v)}\right]G(u,v)$$

式中，$F(u,v)$ 是复原图像的傅里叶谱，$G(u,v)$ 是退化图像的傅里叶谱，$H(u,v)$ 是退化函数，$S_q(u,v)$ 是噪声的功率谱，$S_f(u,v)$ 复原图像的功率谱。

维纳滤波可以使用 MATLAB 中的函数 deconvwnr 实现，其调用格式为

```
f=deconvwnr (g, p, n)
```

其中，g 是退化图像，p 是退化函数，n 是信噪比，f 是复原图像。如果 n 为 0，则维纳滤波器为理想逆滤波器。另一种语法格式为

```
f=deconvwnr (g, p, nc, ic)
```

其中，nc 是噪声自相关函数，ic 是图像自相关函数。

例如，采用维纳滤波器复原受到运动模糊和噪声污染的图像，程序如下

```
I1=imread ('cameraman.tif ');
I2=im2double (I1);
figure, imshow (I1); title ('原始图像');
LEN=20;   %模拟运动模糊
THETA=10;
P=fspecial ('motion', LEN, THETA);
blurred=imfilter (I2, P, 'conv', 'circular');
figure, imshow (blurred); title ('运动模糊图像');
noise_m=0; %模拟高斯噪声
noise_v=0.0001;
blurred_noise=imnoise    (blurred,    'gaussian',    noise_m,
noise_v);
figure, imshow (blurred_noise); title ('运动模糊和受噪声污染
的图像');
estimated_n=0; %在没有噪声的假设下复原图像
G1= deconvwnr (blurred_noise, P, estimated_n);
figure, imshow (G1); title ('假设信噪比为 0 的复原图像');
estimated_n1= noise_v/var(I2(:)); %用一个估计好的信噪比复原图像
G2= deconvwnr (blurred_noise, P, estimated_n1);
figure, imshow (G2); title ('用估计的信噪比复原图像');
```

维纳滤波复原图像结果如图 4.1 所示。图 4.1（a）为原始图像，图 4.1（b）为原始图像沿着与水平方向夹角为 10°的方向运动 10 像素后的模糊图像，图 4.1（c）为模糊图像加入均值为 0、方差为 0.0001 的高斯噪声后的图像，图 4.1（d）为用维纳滤波在假设信噪比为 0 的情况下复原的图像，图 4.1（e）为用维纳滤波在合适的信噪比情况下复原的图像，通过结果可以发现，信噪比对图像复原的效果影响很大。

（a）原始图像　　　　　　（b）运动模糊图像　　　　（c）运动模糊和噪声污染图像

（d）信噪比为 0 的复原结果　　　（e）合适的信噪比复原结果

图 4.1　维纳滤波复原图像

4.3.4　约束最小二乘滤波器

在约束最小二乘滤波器中，图像退化空间模型可以由以下方程表示

$$g = Hf + n$$

假设图像 f 的大小为 $M \times N$，则 f 的维度为 $MN \times 1$，矩阵 H 的维度为 $MN \times MN$，因此它们的维度往往非常大。此外，函数 $H(u,v)$ 可能存在零点，但是矩阵 H 的逆矩阵并不总存在，所以直接求解上面的方程有时非常困难。为了估计出复原图像 $\tilde{f}$，定义优化准则函数 C 是图像的二阶导数图像的拉普拉斯变换

$$C = \sum_{x=0}^{M-1} \sum_{y=0}^{N-1} \left[\nabla^2 f(x,y) \right]^2$$

使准则函数 C 在约束条件为

$$\left\| g - H\tilde{f} \right\|^2 = \left\| n \right\|^2$$

最小情况下的优化解为

$$\tilde{F}(u,v) = \left[\frac{H^*(u,v)}{\left|H(u,v)\right|^2 + r\left|P(u,v)\right|^2}\right]G(u,v)$$

r 是为满足约束条件设置的可调整参数，$P(u,v)$ 可以表示为以下矩阵

$$\begin{pmatrix} 0 & 1 & 0 \\ 1 & -4 & 1 \\ 0 & 1 & 0 \end{pmatrix}$$

的傅里叶变换。MATLAB 软件可以用 deconvreg 函数实现约束最小二乘滤波器方法，其语法格式为

```
f=deconvreg (g, p)
```

用最小二乘滤波器方法可得到复原图像 f，假设退化图像 g 是用一个理想图像与点扩散函数 p 卷积运算产生的。

```
f=deconvreg (g, p, n)
```

用最小二乘滤波器方法可得到复原图像 f，n 是加性噪声，默认为 0。

```
f=deconvreg (g, p, n, lrange)
```

lrange 指定优化算法中最优拉格朗日乘子的搜素范围，默认为[10^{-9}, 10^9]。

```
f=deconvreg (g, p, n, lrange, regop)
```

regop 是约束去卷积的正则化算子，默认值为拉普拉斯算子。

第5章 彩色数字图像实验

5.1 引言

在数字图像处理中通常借助彩色来处理图像，从而增强人眼的视觉效果。本章旨在将之前介绍的数字图像处理技术拓展到彩色数字图像处理，主要包括真彩色数字图像处理、假彩色数字图像处理、伪彩色数字图像处理，使读者初步具备使用 MATLAB 软件平台处理彩色数字图像的能力。

5.2 真彩色数字图像处理

5.2.1 彩色图像格式

真彩色数字图像处理是对原始图像本身所具有的颜色进行调节，是一个从彩色到彩色的映射过程。彩色图像有多种表示方法，主要包括以下几种。

1）RGB

RGB 是彩色模式，R 代表红色，G 代表绿色，B 代表蓝色，这三种颜色叠加可构成其他颜色。由于三种颜色都有 256 个亮度灰度级，因此三种颜色叠加能形成 1670 万种颜色，通过它们足以再现绚丽世界。在 RGB 模式中，由于可以用红、绿、蓝构成其他颜色，因此这个模式叫作加色模式，显示器、投影设备及电视等设备都是基于这种加色模式实现的。就编辑图像而言，RGB 模式是最佳的色彩模式，因为它可以提供全屏幕 24 比特的色彩范围，也就是真彩色显示。

2）CMYK

CMYK 是相减混色，主要应用于印刷业，以打印在纸张上的油墨的光线吸引特性为基础，纯情色（C）、品红色（M）和黄色（Y）能够合成吸收所有颜色并产生黑色。但是受油墨杂质的影响，还需要以黑色（K）混合才能产生真正的黑色，所以，CMYK 称为四色印刷。当四种颜色分量都为 0 时，会产生纯白色。其他颜色由这四个分量相减得到。

3）Lab

Lab 形式不依靠光学，也不依靠颜色，它是国际照明委员会确定的一种理论上包含人眼可见的所有颜色的色彩模式。Lab 模式弥补了 RGB 和 CMYK 两种模式的不足。Lab 模式由三个通道组成，一个通道是照度（L），另外两个是彩色通道，用 a 和 b 表示。a 通道包括的颜色是从深绿（低亮度值）到灰（中亮度值），再到亮彩红色（高亮度值）；b 通道包括的颜色是从紫蓝色（低亮度值）到灰（中亮度值），再到焦黄色（高亮度值）。Lab 模式定义的色彩最多，且与光线及设备无关，处理速度与 RGB 模式基本相同，比 CNYK 模式快。因此，最佳避免色彩损失的方法是：应用 Lab 模式编辑图像，再转换成 CMYK 模式打印。

4）HSI

HSI 模式描述颜色的三个基本特征为色调、饱和度、亮度。色调 H 是物体反射和投射光的颜色；饱和度 S 是颜色的强调或纯度，表示色相中灰成分所占的比例，用从 0（灰色）到 100%（完全饱和）范围内的百分比来度量；亮度 I 是颜色的明暗程度，通常用 0（黑）到 100%（白）范围内的百分比来度量。

5.2.2　彩色图像的转换

MATLAB 软件支持的彩色图像类型为索引图像、RGB 图像和 HSI 图像。

1）索引图像

索引图像由图像矩阵和颜色数组组成，其中，颜色数组是按图像颜色值进行排序后的数组。对于每个像素，图像矩阵都包含一个值，该值就是颜色数组的索引。颜色数组为 $M×3$ 的双精度矩阵，各行分别为指定的 R、G、B 单色值。

2）RGB 图像

与索引图像一样，RGB 图像分别用红、绿、蓝三个亮度值为一个组合，代表每个像素的颜色，这些亮度直接存储在图像数组中，图像数组的大小为 $m×n×3$，其中 m、n 表示图像像素的行、列数。

3）HSI 图像

HSI 图像以色调、饱和度、亮度三个值为一组，图像数组的大小为 $m×n×3$，其中 m、n 表示图像像素的行、列数。

MATLAB 软件提供了 HSI 模式与 RGB 模式之间的转换函数 hsi2rgb、rgb2hsi。HSI 模式转换为 RGB 模式的语法格式为

```
RGB=hsi2rgb (HSI)
```

表示将一个 HSI 图像转换为 RGB 图像，输入矩阵 HSI 的三个量分别是色调、饱和度、亮度，输出矩阵 RGB 的三个量分别是红、绿、蓝的亮度。具体函数为

```
function rgb=hsi2rgb(hsi)
hsi=im2double(hsi);
H=hsi(:,:,1)*2*pi;
S=hsi(:,:,2);
I=hsi(:,:,3);
R=zeros(size(hsi,1),size(hsi,2));
G=zeros(size(hsi,1),size(hsi,2));
B=zeros(size(hsi,1),size(hsi,2));
idx=find((0<=H) & (H<2*pi/3));
B(idx)=I(idx).*(1-S(idx));
R(idx)=I(idx).*(1+S(idx).*cos(H(idx))./cos(pi/3-H(idx)));
G(idx)=3*I(idx)-(R(idx)+B(idx));
idx=find((2*pi/3<=H) & (H<4*pi/3));
```

```
    R(idx)=I(idx).*(1-S(idx));
    G(idx)=I(idx).*(1+S(idx).*cos(H(idx)-2*pi/3)./cos(pi-
H(idx)));
    B(idx)=3*I(idx)-(R(idx)+G(idx));
    idx=find((4*pi/3<=H) & (H<=2*pi));
    G(idx)=I(idx).*(1-S(idx));
    B(idx)=I(idx).*(1+S(idx).*cos(H(idx)-4*pi/3)./cos(5*pi/3-
H(idx)));
    R(idx)=3*I(idx)-(G(idx)+B(idx));
    rgb=cat(3,R,G,B);
    rgb=max(min(rgb,1),0);
```

RGB 模式转换为 HSI 模式的语法格式为

```
HSI= rgb2hsi (RGB)
```

表示将一个 RGB 图像转换为 HSI 图像，输入矩阵 RGB 的三个量分别是红、绿、蓝的亮度，输出矩阵 HSI 的三个量分别是色调、饱和度、亮度。具体函数为

```
function hsi = rgb2hsi(rgb)
rgb = im2double(rgb);
r = rgb(:, :, 1);
g = rgb(:, :, 2);
b = rgb(:, :, 3);
num = 0.5*((r - g) + (r - b));
den = sqrt((r - g).^2 + (r - b).*(g - b));
theta = acos(num./(den + eps));
H = theta;
H(b > g) = 2*pi - H(b > g);
H = H/(2*pi);
num = min(min(r, g), b);
den = r + g + b;
den(den == 0) = eps;
S = 1 - 3.* num./den;
H(S == 0) = 0;
```

```
I = (r + g + b)/3;
hsi = cat(3, H, S, I);
```

例如，RGB 图像与 HSI 图像的转换程序为

```
RGB=imread ('baboon.jpg');
HSI= rgb2hsi (RGB);
RGB1=hsi2rgb (HSI);
subplot (1,3,1), imshow (RGB), title ('RGB 原始图像');
subplot (1,3,2), imshow (HSI), title ('HSI 图像');
subplot (1,3,3), imshow (RGB1), title ('转换后的 RGB 图像');
```

RGB 图像与 HSI 图像的转换结果如图 5.1 所示。

RGB原始图像　　　　　　　　HSI图像　　　　　　　转换后的RGB图像

扫描查看彩图

图 5.1　RGB 图像与 HSI 图像的转换结果

5.2.3　真彩色图像处理方法

真彩色图像用来真实反映自然物体本来的颜色，真彩色图像增强主要有四种方法。

第一种，分别获取红、绿和蓝三个分量的图像，称为单色提取增强。

第二种，把一幅真彩色图像分成红、绿和蓝三幅图像，然后进行单色处理，针对每幅单色图像进行直方图均衡化、平滑与锐化等增强处理。

第三种，真彩色图像的褪色处理。

第四种，把一幅真彩色图像转换成 HSI 模式、CMYK 模式或其他模式，然后针对颜色模型分量进行增强处理。

例如，真彩色图像的单色提取程序如下

```
RGB=imread ('baboon.jpg');
subplot (2,2,1), imshow (RGB), title ('原始图像');
subplot (2,2,2), imshow (RGB(:, :, 1)), title ('红色分量');
subplot (2,2,3), imshow (RGB(:, :, 2)), title ('绿色分量');
subplot (2,2,4), imshow (RGB(:, :, 3)), title ('蓝色分量');
```

真彩色图像的单色提取结果如图 5.2 所示。

原始图像

红色分量

绿色分量

蓝色分量

扫描查看彩图

图 5.2　真彩色图像的单色提取结果

例如，真彩色图像的直方图均衡化程序如下

```
RGB=imread ('baboon.jpg');
fR= RGB(:, :, 1);
fG= RGB(:, :, 2);
fB= RGB(:, :, 2);
fR=histeq (fR, 256);
fG =histeq (fG, 256);
fB =histeq (fB, 256);
```

```
RGB_I=cat (3, fR, fG, fB);
subplot (1,2,1),imshow (RGB), title ('原始图像');
subplot (1,2,2),imshow (RGB_I), title ('直方图均衡化结果');
```

真彩色图像的直方图均衡化结果如图 5.3 所示。

原始图像　　　　　　　　　　直方图均衡化结果

扫描查看彩图

图 5.3　真彩色图像的直方图均衡化结果

5.3　假彩色数字图像处理

如果对彩色的自然景物做如下映射

$$\begin{pmatrix} R_g \\ G_g \\ B_g \end{pmatrix} = \begin{pmatrix} 0 & 0 & 1 \\ 1 & 0 & 0 \\ 0 & 1 & 0 \end{pmatrix} \begin{pmatrix} R_f \\ G_f \\ B_f \end{pmatrix}$$

则原来的红（R_f）、绿（G_f）和蓝（B_f）三个分量变成绿（G_g）、蓝（B_g）和红（R_g），这样操作后蓝色天空将变成红色天空，绿色草坪将变成蓝色草坪，红色玫瑰将变成绿色玫瑰，这样的操作称为假彩色数字图像处理。假彩色数字图像处理的好处如下：

（1）把景物映射为奇怪颜色，吸引人们的特别关注；

（2）适应人眼对颜色的灵敏度，提高鉴别能力；

（3）把遥感的多光谱图像用自然颜色显示，从而获取更多的信息。

自然彩色图像与假彩色图像的映射一般可以表示为

$$\begin{pmatrix} R_{\mathrm{g}} \\ G_{\mathrm{g}} \\ B_{\mathrm{g}} \end{pmatrix} = \begin{pmatrix} \alpha_1 & \beta_1 & \gamma_1 \\ \alpha_2 & \beta_2 & \gamma_2 \\ \alpha_3 & \beta_3 & \gamma_3 \end{pmatrix} \begin{pmatrix} R_{\mathrm{f}} \\ G_{\mathrm{f}} \\ B_{\mathrm{f}} \end{pmatrix}$$

这种映射可以被视为一种从原来的三基色变成新的一组三基色的彩色坐标变换。

例如，一种简单的假彩色图像获取程序如下

```
RGB=imread ('baboon.jpg');
RGB_I(:, :, 1) = RGB(:, :, 3);
RGB_I(:, :, 2) = RGB(:, :, 2);
RGB_I(:, :, 3) = RGB(:, :, 1);
subplot (1,2,1),imshow (RGB), title ('原始图像');
subplot (1,2,2),imshow (RGB_I), title ('假彩色结果');
```

一种简单的假彩色图像结果如图 5.4 所示。

原始图像　　　　　　　　　　假彩色图像结果

 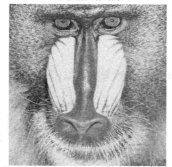

扫描查看彩图

图 5.4　一种简单的假彩色图像结果

5.4　伪彩色数字图像处理

伪彩色数字图像处理是将黑白灰度图像经线性变换或者非线性变换而变换成不同彩色图像的过程，从而可以提供更多的有用信息，达到图像增强的目的。伪彩色增强技术适用于航空摄影和遥感图像，也适用于 X 光片及云图。

5.4.1　灰度分层法

假设原始灰度图像的灰度范围为 $0 \le f(x,y) \le L$，用 $k+1$ 个灰度等级把灰度范围分为 k 段，包括 l_0，l_1，$\cdots$，l_k，其中，$l_0 = 0$ 对应黑色，$l_0 = L$ 对应白色，这样就完成了等密度分层，层数 k 可以根据需要设置。伪彩色处理按照如下映射关系分配颜色，每一段灰度都映射成一种颜色

$$g(x,y) = c_i$$

其中，$l_{i-1} \le f(x,y) \le l_i$，$i = 1,2,\cdots,k$。$g(x,y)$ 是输出的伪彩色图像，c_i 是灰度在 $[l_{i-1}, l_i]$ 中时所映射的色彩。

在经过这种映射处理后，原始灰度图像 $f(x,y)$ 就变成伪彩色图像 $g(x,y)$。如果原始灰度图像 $f(x,y)$ 的灰度分布在 k 个灰度段，则伪彩色图像 $g(x,y)$ 就具有 k 种色彩。

例如，灰度分层法的伪彩色程序为

```
RGB=imread ('skeleton.jpg');
X=grayslice (RGB, 16);  %灰度分层处理函数，实现16种伪彩色增强效果
subplot (1,2,1),imshow (RGB), title ('原始图像');
subplot (1,2,2),imshow (X,hot(16)), title ('伪彩色处理结果');
```

伪彩色处理结果如图 5.5 所示。

原始图像　　　　　　　　　　伪彩色处理结果

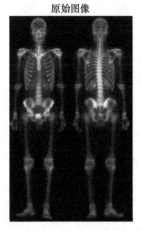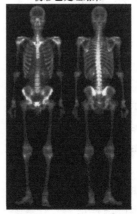

扫描查看彩图

图 5.5　伪彩色处理结果

5.4.2　灰度变换法

根据三原色原理，每种颜色都由红、绿、蓝三原色按适当比例合成，利用灰度变换法对黑白图像进行伪彩色处理的表达式为

$$
\begin{cases}
R(x,y)=T_{R}\{f(x,y)\} \\
G(x,y)=T_{G}\{f(x,y)\} \\
B(x,y)=T_{B}\{f(x,y)\}
\end{cases}
$$

其中，$R(x,y)$、$G(x,y)$ 和 $B(x,y)$ 分布表示伪彩色的三色分量的灰度值；$f(x,y)$ 是处理前图像的灰度值；T_{R}、T_{G} 和 T_{B} 表示三原色与原始图像灰度值 $f(x,y)$ 的变换关系。

因此，灰度变换法的步骤为：第一步，对输入图像的灰度值进行 3 种独立的变换 T_{R}、T_{G} 和 T_{B}，得到对应的红、绿、蓝三原色；第二步，根据不同的场合，用这三原色值对应的电平值控制图像显示器的红、绿、蓝三色电子枪，得到伪彩色图像的显示输出；或者用三原色值对应的电平值作为彩色硬拷贝机器的三原色输入，得到伪彩色图像的硬拷贝。

例如，灰度变换法的伪彩色程序为

```
X=imread ('circuit.tif');
I=double (X);
[M,N]=size (I);
L=256;
for i=1:M
   for j=1:N
      if I(i,j)<=L/4
        R(i,j)=0;
        G(i,j)=4*I(i,j);
        B(i,j)=L;
      elseif I(i,j)<=L/2
        R(i,j)=0;
        G(i,j)=L;
```

```
            B(i,j)=-4*I(i,j)+2*L;
        elseif I(i,j)<=3*L/4
            R(i,j)= 4*I(i,j)-2*L;
            G(i,j)=L;
            B(i,j)=0;
        else
            R(i,j)=L;
            G(i,j)=-4*I(i,j)+4*L;
            B(i,j)=0;
        end
    end
end
for i=1:M
    for j=1:N
        OUT(i,j,1)=R(i,j);
        OUT(i,j,2)=G(i,j);
        OUT(i,j,3)=B(i,j);
    end
end
PUT=OUT /256;
subplot (1,2,1),imshow (X), title ('原始图像');
subplot (1,2,2),imshow (PUT), title ('伪彩色处理结果');
```

伪彩色处理结果如图 5.6 所示。

原始图像　　　　　　　　　　　伪彩色处理结果

扫描查看彩图

图 5.6　伪彩色处理结果

在频域伪彩色处理中，伪彩色图像的色彩受到原始灰度图像的空间分辨率的影响，将原灰度图像中感兴趣的空间频率成分用某种特定的色彩表示。可以设置如图 5.7 所示的频域伪彩色处理流程图，首先灰度图像通过傅里叶变换而变换到频域；然后设计三种滤波器，对灰度图像进行三种滤波从而得到输出结果，将三种输出结果进行傅里叶逆变换和附加处理（附加处理常指直方图均衡化或反转等），作为彩色输出设备的红、绿和蓝三原色输入；最后，输出按原始灰度图像的频率分布形成伪彩色图像。

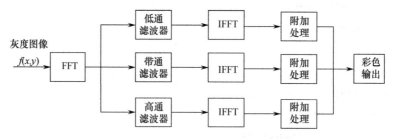

图 5.7　频域伪彩色处理流程图

例如，频域灰度变换法的伪彩色程序为

```
X=imread ('lena512.bmp');
[M,N]=size (X);
F=fft2(X);
F=fftshift(F);
redcut=100;
greencut=200;
bluecenter=150;
bluewidth=100;
blueu0=10;
bluev0=10;
for u=1:M
  for v=1:N
    D (u,v)=sqrt (u^2+v^2);
    redh (u,v)=1/(1+(sqrt(2)-1)*(D(u,v)/redcut)^2);
    greenh (u,v)=1/(1+(sqrt(2)-1)*(greencut/ D(u,v))^2);
    blueh (u,v)= sqrt((u-blueu0)^2+(v-bluev0)^2);
```

```
        blueh (u,v)= 1-1/(1+blueh(u,v)*bluewidth/((blueh(u,v))
^2-(bluecenter)^2)^2);
    end
  end
  red=redh.*F;
  redcolor=ifft2(red);
  green=greenh.*F;
  greencolor=ifft2(green);
  blue= blueh.*F;
  bluecolor=ifft2(blue);
  R=real(redcolor)/256;
  G=real(greencolor)/256;
  B=real(bluecolor)/256;
  for i=1:M
    for j=1:N
      OUT(i,j,1)=R(i,j);
      OUT(i,j,2)=G(i,j);
      OUT(i,j,3)=B(i,j);
    end
  end
  OUT=abs(OUT);
  subplot (1,2,1),imshow (X), title ('原始图像');
  subplot (1,2,2),imshow (OUT), title ('伪彩色处理结果');
```

伪彩色处理结果如图 5.8 所示。

原始图像　　　　　　　　伪彩色处理结果

扫描查看彩图

图 5.8　伪彩色处理结果

第 6 章　数字图像形态学和分割处理实验

6.1　引言

　　数字图像形态学和分割处理是数字图像处理领域中的重要处理步骤。其中，数字图像形态学是提取数字图像的边界、骨架和凸壳等几何成分的工具，包括腐蚀、膨胀、开运算、或运算等基本运算。图像分割的目的是将人们感兴趣的目标从图像背景中提取出来，为后续的图像分类、跟踪和识别等技术提供基础。数字图像形态学是以集合论和拓扑学为基础，分析和处理数字图像的几何结构理论和方法。本章主要介绍形态学处理和数字图像分割处理，使读者初步具备使用 MATLAB 软件平台进行数字图像分割和形态学处理的能力。

6.2　数字图像形态学处理

　　数字图像形态学主要分为二值图像形态学和灰度图像形态学，本书主要介绍二值图像形态学，因为二值图像形态学可以扩展到灰度图像。二值图像形态学的基本思想是用一个简单的结构元素去探测二值图像，确认数字图像中有无与预定义结构元素匹配的形状，结构元素的形状包括线条、矩形、圆和菱形等。

6.2.1　结构元素

　　在 MATLAB 软件中用函数 strel 表示结构元素，其调用格式为

```
se=strel (shape, parameters)
```

其中，shape 是指定结构元素为何种形状的参数，parameters 是指定形状信息的参数，如表 6.1 所示为函数 strel 的相关说明。

表 6.1　函数 strel 的相关说明

语 句 形 式	描　　述
se=strel ('diamond', R)	菱形结构元素，R 是原点到菱形最远点的距离
se=strel ('disk', R)	圆盘结构元素，R 是半径
se=strel ('line', LEN, DEG)	线形结构元素，LEN 是长度，DEG 是角度
se=strel ('octagon', R)	八边形结构元素，R 是原点到八边形边的距离，是 3 的正整数倍
se=strel ('pair', OFFSET)	由两个成员组成的结构元素，一个位于原点，另一个用 OFFSET 确认位置
se=strel ('periodicline',P,V)	由 2×P+1 个成员组成的结构元素，其中，V 是一个两元素向量，包含整数值的行和列的偏移，一个元素在原点，另一个位于 1*V，−1*V，2*V，−2*V，…，P*V，−P*V
se=strel ('rectangle', M, N)	矩形结构元素，M 和 N 指定矩形的大小，分别表示元素的行数和列数
se=strel ('square', W)	正方形结构元素，W 是边长元素
se=strel (NHOOD)	任意形状结构元素，NHOOD 是由 0 和 1 组成的矩阵，用于指定形状

6.2.2　膨胀和腐蚀

1）膨胀

膨胀使二值图像"加长"或"变粗"，加长或变粗的程度是由结构元素控制的。B 对 A 进行膨胀，记为 $A \oplus B$，定义为

$$A \oplus B = \{x \mid (\hat{B})_x \bigcap A = \varnothing\}$$

其中，$\varnothing$ 是空集，A 是图像集合，B 是结构元素。此式表明先对 B 做关于原点的映射，再将其映像平移 x，A 和 B 映像的交集不为空集。

MATLAB 软件用函数 imdilate 进行膨胀操作，其调用格式为

```
I=imdilate (IM, SE)
```

IM 是待进行膨胀运算的二值图像或灰度图像，SE 为结构元素，I 是保存的膨胀结果。

```
I=imdilate (IM, NHOOD)
```

IM 是待进行膨胀运算的二值图像或灰度图像，NHOOD 是一个由 0 和

1 构成的矩阵，定义了膨胀运算的结构元素形状。

2）腐蚀

腐蚀使二值图像"收缩"或"细化"，收缩或细化的程度是由结构元素控制的。B 对 A 进行腐蚀，记为 $A \ominus B$，定义为

$$A \ominus B = \left\{ x \middle| (B)_x \subseteq A \right\}$$

此式表明由将 B 平移 x 仍包含在 A 内的所有点 x 所组成的集合。

MATLAB 软件用函数 imerode 进行腐蚀操作，其调用格式为

```
I=imerode (IM, SE)
```

IM 是待进行腐蚀运算的二值图像或灰度图像，SE 为结构元素，I 是保存的腐蚀结果。

```
I=imerode (IM, NHOOD)
```

IM 是待进行腐蚀运算的二值图像或灰度图像，NHOOD 是一个由 0 和 1 构成的矩阵，定义了腐蚀运算的结构元素形状。

例如，二值图像的膨胀和腐蚀的程序如下

```
A=imread ('text.png');
A=double (A);
imshow (A), title ('原始图像')
se1=strel ('disk', 2);
se2=strel ('disk', 3);
se3=strel ('disk', 4);
A1=imdilate (A, se1);
A2=imdilate (A, se2);
A3=imdilate (A, se3);
B1=imerode (A, se1);
B2=imerode (A, se2);
B3=imerode (A, se3);
figure, subplot (2,3,1),imshow (A1), title ('R=2 膨胀图像');
subplot (2,3,2),imshow (A2), title ('R=3 膨胀图像');
subplot (2,3,3),imshow (A3), title ('R=4 膨胀图像');
subplot (2,3,4),imshow (B1), title ('R=2 腐蚀图像');
```

```
subplot (2,3,5),imshow (B2), title ('R=3 腐蚀图像');
subplot (2,3,6),imshow (B3), title ('R=4 腐蚀图像');
```

原始图像的结果如图 6.1 所示，膨胀和腐蚀的结果如图 6.2 所示。

原始图像

图 6.1　原始图像

图 6.2　膨胀和腐蚀的结果

由结果可以看出，元素结构的大小对膨胀和腐蚀的结果有很大影响，例如，在腐蚀过程中，随着结构元素的半径越来越大，原始图像中的字母笔画将越来越细。

6.2.3　开运算和闭运算

1）开运算

B 对 A 进行开运算，记为 $A \circ B$，它是先用 B 对 A 进行腐蚀，然后用 B 对腐蚀的结果进行膨胀，定义为

$$A \circ B = (A \ominus B) \oplus B$$

开运算能够除去孤立的小点、毛刺和小桥，而总的位置和形状不变。开运算相当于一个基于几何运算的滤波器，结构元素大小的不同将导致滤波效果不同，不同结构元素的选择导致了不同的分割，即提取出不同的特征。

MATLAB 软件用函数 imopen 进行开运算操作，其调用格式为

```
I=imopen (IM, SE)
```

IM 是待进行开运算的二值图像或灰度图像，SE 是结构元素，I 是保存的开运算结果。

```
I= imopen (IM, NHOOD)
```

IM 是待进行开运算的二值图像或灰度图像，NHOOD 是一个由 0 和 1 构成的矩阵，定义了开运算的结构元素形状。

2）闭运算

B 对 A 进行闭运算，记为 $A \bullet B$，它是先用 B 对 A 进行膨胀，然后用 B 对膨胀的结果进行腐蚀，定义为

$$A \bullet B = (A \oplus B) \ominus B$$

闭运算能够填平小湖（即小孔）、弥合小裂缝，而总的位置和形状不变。闭运算是通过填充图像的凹角来滤波图像的，结构元素大小的不同将导致滤波效果的不同，不同结构元素的选择导致了不同的分割。

MATLAB 软件用函数 imclose 进行闭运算操作，其调用格式为

```
I=imclose (IM, SE)
```

IM 是待进行闭运算的二值图像或灰度图像，SE 是结构元素，I 是保存的闭运算结果。

```
I= imclose (IM, NHOOD)
```

IM 是待进行闭运算的二值图像或灰度图像，NHOOD 是一个由 0 和 1 构成的矩阵，定义了闭运算的结构元素形状。

例如，二值图像的开运算和闭运算的程序如下

```
A=imread ('text.png');
A=double (A);
se=strel ('disk', 2);
A1=imopen (A, se);
A2=imclose (A, se);
A3=imclose (A1, se);
subplot (2,2,1), imshow (A), title ('原始图像');
subplot (2,2,2),imshow (A1), title ('开运算图像');
subplot (2,2,3),imshow (A2), title ('闭运算图像');
subplot (2,2,4),imshow (A3), title ('先开后闭图像');
```

开运算和闭运算的结果如图 6.3 所示。

图 6.3　开运算和闭运算的结果

由实验结果可以发现，在开运算图像结果中，由于先腐蚀后膨胀，因此

字母笔画指向外的尖角边缘被圆盘结构元素磨圆了；在闭运算图像结果中，由于先膨胀后腐蚀，因此字母笔画相连了；在先开后闭图像结果中，消除了字母的连通，同时字母笔画向内和向外的尖角边缘变平滑了。

6.2.4　bwmorph 函数

MATLAB 软件提供的 bwmorph 函数可以采用 3×3 的扁平结构元素，实现基于膨胀、腐蚀和表 6.2 提供的各种形态学运算，其语法格式为

```
g=bwmorph (f, operation, n)
```

其中，f 是一幅输入二值图像，operation 是一个指定期望运算的字符串，n 是用于指定重复运算次数的参数。

表 6.2　函数 bwmorph 的相关说明

字符串描述	描　　述
'bothat'	3×3 结构元素的"低帽"运算，返回结果是原始图像减去其闭运算图像
'bridge'	连接被一个 0 值像素分隔的像素
'clean'	去掉孤立的前景像素
'close'	3×3 结构元素的闭运算
'diag'	填充对角线连通的前景像素周围的像素
'dilate'	3×3 结构元素的膨胀运算
'erode'	3×3 结构元素的腐蚀运算
'fill'	填充单个像素"孔洞"
'hbreak'	去掉 H 形连接的前景像素
'majority'	若像素的 3×3 邻域像素中至少有 5 个像素为前景像素，则该像素为前景像素
'open'	3×3 结构元素的开运算
'remove'	去掉内部像素
'shrink'	将对象收缩成没有孔洞的点
'skel'	计算图像骨架
'spur'	去掉毛刺现象
'thichen'	物体周围添加前景像素使物体变大
'thin'	物体细化到最低限度相连的且没有断开的线
'tophat'	3×3 结构元素的"高帽"运算

如图 6.4 所示，利用 bwmorph 函数将具有噪声的指纹原始图像进行多

次细化，获得稳定的图像。

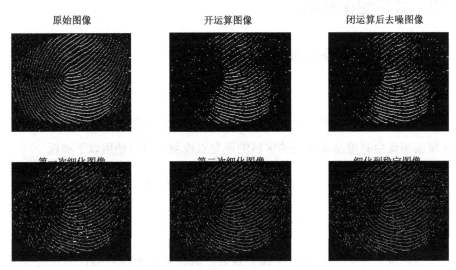

图 6.4　利用 bwmorph 函数进行形态学处理结果

例如，利用 bwmorph 函数进行二值图像骨架化的程序如下

```
A=imread ('shape.png');
g1=bwmorph (A, 'skel', Inf);     %bwmorph 函数设置参数 skel 来实现
骨架化
subplot (1,2,1), imshow (A), title ('原始图像');
subplot (1,2,2),imshow (g1), title ('bwmorph 函数骨架化');
```

二值图像骨架化结果如图 6.5 所示。

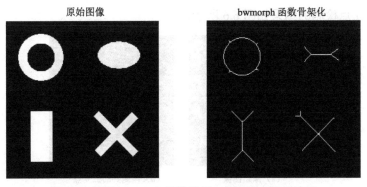

图 6.5　利用 bwmorph 函数进行二值图像骨架化结果

6.3 数字图像分割

6.3.1 点、线和边缘检测分割

1）点检测

在 MATLAB 软件中，可运用函数 imfilter 进行孤立点的检测，在常数区域或图像中亮度基本不变的区域的孤立点检测，可以使用以下模板

−1	−1	−1
−1	8	−1
−1	−1	−1

当模板的中心点位于一个孤立点时，其模板的响应最强，而在亮度不变的区域中，响应为零。

例如，点检测程序如下

```
f=imread ('test1.jpg');
imshow (f);
w=[-1 -1 -1; -1 8 -1; -1 -1 -1];
g=abs(imfilter(double (f),w));
T=max (g(:));
g=g>=T;
figure, imshow (g);
```

孤立点检测的结果如图 6.6 所示。

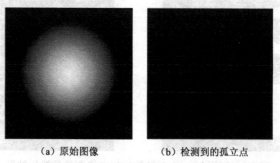

(a) 原始图像　　　　　　(b) 检测到的孤立点

图 6.6　孤立点检测的结果

2）线检测

线检测与点检测的原理基本相同，模板一般都具有方向性，以下模板为常见的线检测模板。

-1	-1	-1
2	2	2
-1	-1	-1

2	-1	-1
-1	2	-1
-1	-1	2

-1	2	-1
-1	2	-1
-1	2	-1

-1	-1	2
-1	2	-1
2	-1	-1

　　　水平　　　　　　　　45°　　　　　　　　垂直　　　　　　　−45°

例如，45°方向的线检测程序如下

```
f=imread ('test2.jpg');
imshow (f);
w=[2 -1 -1; -1 2 -1; -1 -1 2];
g= imfilter(double (f),w);
T=max (g(:));
g=g>=T;
figure, imshow (g);
```

线检测的结果如图 6.7 所示。

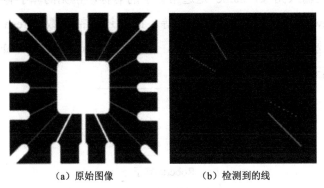

　　（a）原始图像　　　　　　　　　（b）检测到的线

图 6.7　线检测的结果

3）边缘检测

边缘检测是把图像中所包含的对象物的结构特征提取出来的基本方法，可以提取特征不连续的部分，并根据闭合边缘求区域。边缘通常表现为灰度值急剧变化，这种变化的主要原因是由不同对象的邻接、对象表面的光反射特性变化、照明光强度或方向的变化等因素造成的。边缘检测方法比较适用于边缘灰度过渡比较显著且噪声较小的不复杂图像。反之，对边缘比较复杂、采光不均匀的图像，存在容易造成边缘模糊和丢失或者边缘不连续等缺陷。

目前比较常用的边缘检测方法是对图像进行一阶或二阶求导。一阶导数通常为对图像进行水平和垂直方向的梯度估计。二阶导数通常使用 Laplacian（拉普拉斯）算子计算，但是 Laplacian 算子很少能单独用来进行边缘检测，通常需要与其他边缘检测方法相结合才能达到边缘检测的目的。常利用两条标准来测量图像强度的迅速变化：（1）找出强度的一阶导数值大于某个事先规定的阈值标准位置；（2）找出二阶导数的跨零点。

MATLAB 工具箱提供了边缘检测的函数 edge，其格式为

```
Y=edge (X, 'name')
Y=edge (X, 'name', thresh)
Y=edge (X, 'name', thresh, direction)
[Y, thresh]=edge (X, 'name',…)
```

其中，X 是输入图像，name 是选用算子的名称，常见的算子有 Roberts、Sobel、Prewitt、Canny、Zerocross 等，此外还包括参数 thresh（门限）、sigma（方差）和 direction（方向）。例如，Roberts 算子、Sobel 算子和 Prewitt 算子的模板如下

-1	0		0	-1
0	1		1	0

Roberts 算子

-1	-2	-1		-1	0	1
0	0	0		-2	0	2
1	2	1		-1	0	1

Sobel 算子

-1	-1	-1	-1	0	1
0	0	0	-1	0	1
1	1	1	-1	0	1

Prewitt 算子

例如，使用 Roberts 算子对图像进行边缘检测的程序如下

```
X=imread ('circuit.tif');
I=edge (X, 'roberts');    %使用 Roberts 算子对图像进行边缘检测
subplot (1,2,1),imshow (X), title ('原始图像');
subplot (1,2,2),imshow (I), title ('边缘检测结果');
```

使用 Roberts 算子对图像进行边缘检测的结果如图 6.8 所示。

原始图像　　　　　　　　　　　　边缘检测结果

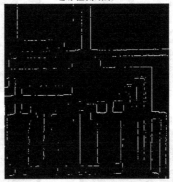

图 6.8　使用 Roberts 算子对图像进行边缘检测的结果

例如，使用 Sobel 算子对图像进行边缘检测的程序如下

```
X=imread ('circuit.tif');
I=edge (X, 'sobel');    %使用 Sobel 算子对图像进行边缘检测
I1=edge (X, 'sobel', 0.1);    %使用门限为 0.1 的 Sobel 算子对图像进
行边缘检测
I2=edge (X, 'sobel', 0.06);    %使用门限为 0.06 的 Sobel 算子对图像
进行边缘检测
I3=edge (X, 'sobel', 0.04);    %使用门限为 0.04 的 Sobel 算子对图像
```

进行边缘检测

```
I4=edge (X, 'sobel', 0.02);    %使用门限为 0.02 的 Sobel 算子对图像
```
进行边缘检测

```
subplot (2,3,1),imshow (X), title ('原始图像');
subplot (2,3,2),imshow (I), title ('边缘检测结果');
subplot (2,3,3),imshow (I1), title ('门限为 0.1 的结果');
subplot (2,3,4),imshow (I2), title ('门限为 0.06 的结果');
subplot (2,3,5),imshow (I3), title ('门限为 0.04 的结果');
subplot (2,3,6),imshow (I4), title ('门限为 0.02 的结果');
```

使用 Sobel 算子对图像进行边缘检测的结果如图 6.9 所示。

原始图像

边缘检测结果

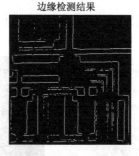

门限为 0.1 的结果

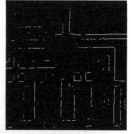

门限为 0.06 的结果

门限为 0.04 的结果

门限为 0.02 的结果

图 6.9　使用 Sobel 算子对图像进行边缘检测的结果

通过如图 6.9 所示的结果可以发现，thresh（门限）选择对于边缘检测结果的影响很大，门限越低，检测的边缘越多。

例如，使用 Prewitt 算子对图像进行边缘检测的程序如下

```
X=imread ('circuit.tif');
```

```
I=edge (X, 'prewitt');
I1=edge (X, 'prewitt', 0.05, 'horizontal');      %使用水平方向
Prewitt算子对图像进行边缘检测
I2=edge (X, 'prewitt', 0.05, 'vertical');        %使用垂直方向
Prewitt算子对图像进行边缘检测
subplot (2,2,1),imshow (X), title ('原始图像');
subplot (2,2,2),imshow (I), title ('边缘检测结果');
subplot (2,2,3),imshow (I1), title ('水平方向的结果');
subplot (2,2,4),imshow (I2), title ('垂直方向的结果');
```

使用 Prewitt 算子对图像进行边缘检测的结果如图 6.10 所示。

原始图像

边缘检测结果

水平方向的结果

垂直方向的结果

图 6.10 使用 Prewitt 算子对图像进行边缘检测的结果

通过如图 6.10 所示的结果可以发现，direction（方向）选择对于边缘检测结果的影响很大，可以选择水平方向和垂直方向对特定方向的边缘进行提取。

例如，使用 Canny 算子对图像进行边缘检测的程序如下

```
X=imread ('circuit.tif');
```

```
[I,th]=edge (X, 'canny');          %使用 Canny 算子对图像进行边缘检测
[I1,th]=edge (X, 'canny', 0.2, 0.6); %使用定义好的均值和方差对图像
进行边缘检测
subplot (1,3,1),imshow (X), title ('原始图像');
subplot (1,3,2),imshow (I), title ('边缘检测结果');
subplot (1,3,3),imshow (I1), title ('定义好的均值和方差的结果');
```

使用 Canny 算子对图像进行边缘检测的结果如图 6.11 所示。

原始图像   边缘检测结果   定义好的均值和方差的结果

图 6.11   使用 Canny 算子对图像进行边缘检测的结果

6.3.2   基于阈值的图像分割

基于阈值的图像分割是图像分割中最为常用的算法之一，它的基本思路是根据图像的灰度信息对图像的背景和目标进行划分，进而实现对图像的分割。基于阈值的分割有单阈值分割和多阈值分割。单阈值分割就是对图像进行二值化的过程，当确认一个阈值时，灰度大于该阈值的划归到一类，小于该阈值的划归到另一类。而多阈值分割就是选择多个阈值，把整个灰度范围分成几段，某个段内的像素称为一类，这样就可以将图像分成多个区域。阈值法的优点是算法简单、容易实现，特别是对目标和背景对比度比较大的图像十分有效。缺点是该方法的适用范围有限，且不容易确认最佳阈值，从而导致错误的分割。

MATLAB 软件提供了函数 graythresh，用于实现使用最大类间方差法找到图像的一个合适的阈值并进行自动分割，其语法格式为

```
th=graythresh (I)
```

其中，th 表示通过运算得到的输入图像在[0,1]范围内的阈值。可以将这个阈值传递给函数 im2bw，从而将灰度图像转换为二值图像，再进行分割处理。函数 im2bw 使用阈值（threshold）法把灰度图像（grayscale image）转换成二值图像，其语法格式为

```
BW = im2bw(I, th)
```

当然，如果不运用函数 graythresh 得到阈值，可以多次尝试来获得一个合适的阈值，利用函数 graythresh 进行分割的方法被称为全局阈值 Otsu 分割。

例如，使用不同阈值法对图像进行分割的程序如下

```
X=imread ('lena.png');
f=rgb2gray (X);
f=im2double (f);
t=0.5*(min(f(:))+max(f(:)));
done=false
while done
    g=f>=t;
    tn=0.5*(mean(f(g))+mean(f(~g)));
    done=abs(t-tn)<0.1;
    t=tn;
end
r=im2bw (f,t);
subplot (2,2,1),imshow (f), title ('变换为灰度图像');
subplot (2,2,2),imshow (r), title ('迭代法全局阈值分割');
th=graythresh (f);
s=im2bw (f, th);
subplot (2,2,3),imshow (s), title ('全局阈值 Otsu 分割');
se=strel ('disk', 10);
ft=imtophat (f, se);
thr=graythresh (ft);
it= im2bw (ft, thr);
subplot (2,2,4),imshow (it), title ('局部阈值分割');
```

不同阈值法的分割结果如图 6.12 所示。

变换为灰度图像

迭代法全局阈值分割

全局阈值 Otsu 分割

局部阈值分割

图 6.12   不同阈值法的分割结果

例如，使用迭代法对图像进行分割的程序如下

```
i=imread ('peppers.jpg');
zmax=max(max(i));
zmin=min(min(i));
tk=(zmax+zmin)/2;
bcal=1;
isize=size (i);
while (bcal)
    ifg=0;
    ibg=0;
     fg=0;
     bg=0;
    for j=1: isize(1)
      for k=1: isize(2)
        tmp=i(j,k);
        if (tmp>=tk)
          ifg=ifg+1;
```

```
            fg=fg+double (tmp);
        else
            ibg=ibg+1;
             bg= bg+double (tmp);
        end
      end
    end
    zo=fg/ifg;
    zb=bg/ibg;
    tktmp=uint8 ((zo+zb)/2);
    if (tktmp==tk)
      bcal=0;
    else
      tk=tktmp;
    end
      end
    newi=im2bw (i, double (tk)/255);
subplot (1,2,1),imshow (i), title ('原始图像');
subplot (1,2,2),imshow (newi), title ('迭代法分割');
```

使用迭代法对图像进行分割的结果如图 6.13 所示。

原始图像   迭代法分割

图 6.13　使用迭代法对图像进行分割的结果

6.3.3　基于区域提取的图像分割

基于区域提取的图像分割是依据某个区域的像素具有灰度或者纹理等

共性，而其他区域不具有这个共性，从而将目标分离出来的。基于区域提取的图像分割主要包括区域生长算法、分水岭变换算法和分裂合并算法。

1）区域生长算法

首先，在每个待分割的目标中确认一个种子点，然后依据区域生长的规则，将其与周围的像素进行某种比较，将符合条件的进行合并，合并后的像素作为新的种子点并继续向外比较扩展，直到不满足条件为止。该方法的优点在于计算较为简单，对于分布均匀且连通的目标分割效果较好。缺点是种子点的选取之间影响分割效果，对于存在噪声和孤立点的图像，分割效果有时不理想。

定义函数 regiongrow 来处理区域生长算法，其具体格式为

```
[g,NR,SI,TI]=regiongrow(f,S,T)
```

其中，f 为输入图像；S 为种子；T 可以是一个数组，也可以是一个标量，此时它定义一个全局阈值；g 为分割后的图像；NR 为连通区域的数目；SI 为一幅包含种子点的图像；参数 TI 是一幅图像，该图像中包含已经通过阈值测试的像素。其定义为

```
function [g,NR,SI,TI]=regiongrow(f,S,T)
f=double(f);
%如果 S 是标量，则包含种子图像
if numel(S)==1
    SI=f==S;
    S1=S;
else
 %S 是一个数组，它通过以下编码部分与种子位置进行联系，进而减少循环执行
数量
    SI=bwmorph(3,'shrink',Inf);
    J=find(J);
end
TI=false(size(f));
for K=1:length(S1)
    seedvalue=S1(K);
```

```
    S=abs(f-seedvalue)<=T;
    TI=TI|S;
end
%使用 SI 函数重构作为标记图像，获得区域与 S 中每个种子相符合的像素
%函数 bwlabel 分配不同的整数到每个区域
[g,NR]=bwlabel(imreconstruct(SI,TI));
```

例如，利用区域生长算法对图像进行分割的程序如下

```
i1=imread ('fruits.jpg');
i=rgb2gray(i1);
i=double(i);
s=255;
t=55;
[newi, nr] =regiongrow(i, s, t);
subplot (1,2,1),imshow (i1), title ('原始图像');
subplot (1,2,2),imshow (newi), title ('区域生长结果');
```

使用区域生长算法对图像进行分割的结果如图 6.14 所示。

原始图像　　　区域生长结果

图 6.14　使用区域生长算法对图像进行分割的结果

2）分水岭变换算法

分水岭变换算法是一种基于拓扑理论的形态学分割方法，其基本思路是将图像视为测地学的拓扑地貌，图像上的像素灰度值表示该点的海拔高度，每个局部极小值及其影响区域都称为集水盆，这些集水盆的边界组成分水岭。分水岭的概念和形成可以通过模拟浸入过程来说明，在每个局部的极小值表面穿过一个小孔，然后把模型浸入水中，随着深度的增大，每个局部都将会慢慢向外扩展，在两个集水盆汇合处构建大坝形成分水岭，完成图像分割。分水岭变换函数 watershed 的格式如下

```
L=watershed (f)
```

其中，f 是输入图像，L 是矩阵。L 中的正整数与相应的集水盆的编号相对应，零值是分水岭脊线。

此外，分水岭变换算法还会用到其他函数，具体如下。

函数 imregionalmin 用于寻找图像中局部区域最小值的位置，其调用格式为

```
rm=imregionalmin (f)
```

其中，f 是输入图像，rm 是二值图像。rm 中标记为 1 的像素对应 f 中的区域最小值的位置。

函数 imextendedmin 用于计算图像的扩展最小值变换，也就是图像的 H-minima 变换的最小值，其调用格式为

```
im=imextendedmin (f, h)
```

其中，f 是输入图像；im 是二值图像，im 中标记为 1 的像素对应 f 中的区域最小值的位置；h 是一个 H-minima 变换的非负标量值。

函数 imimposemin 使用形态学重构算法对输入图像进行修改，使得输入图像在二值图像非零的地方有局部最小值，其调用格式为

```
mp=imimposemin (f, mask)
```

其中，f 是输入图像，mask 是二值图像。

例如，利用分水岭变换算法与距离变换算法对图像进行分割的程序如下

```
f= imread ('cameraman.tif ');
g=im2bw (f, graythresh (f));          %Otsu 算法的分割
l=watershed (i);                      %直接用分水岭变换算法分割
gc=~g;
D=bwdist (gc);                        %距离计算
L= watershed (-D);                    %负分水岭变换算法分割
w=L==0;
g2=g&~w;
subplot (3,2,1),imshow (f), title ('原始图像');
subplot (3,2,2),imshow (g), title ('Otsu 结果');
```

```
subplot (3,2,3),imshow (gc), title (' Otsu 取反结果');
subplot (3,2,4),imshow (D), title ('结合距离变换结果');
subplot (3,2,5),imshow (~uint8(L)), title ('分水岭脊线');
subplot (3,2,6),imshow (g2), title ('分割结果');
```

使用分水岭变换算法与距离变换算法对图像进行分割的结果如图 6.15 所示。

图 6.15　使用分水岭变换算法与距离变换算法对图像进行分割的结果

3）分裂合并算法

假设 R 表示整个图像区域，图像分割可以被视为把 R 划分为 n 个子区域 $R_1, R_2, \cdots, R_n$ 的过程，这 n 个子区域需要满足以下条件：

（1）$\bigcup\limits_{i=1}^{n} R_i = R$，表示全部子区域合并可构成整个图像区域；

（2）R_i 需要是一个连通区域；

（3）$R_i \bigcap R_j = \varnothing$，对所有的 i 和 j，要求任意两个子区域不能相交，$\varnothing$ 为空集；

（4）$P(R_i) = \text{TRUE}$，$P(R_i)$ 是定义在集合 R_i 中的逻辑词；

（5）$P(R_i \bigcup R_j) = \text{FALSE}$。

　　分裂合并算法是将图像细分为一组任意且互不相连的区域，然后在满足以下条件时进行合并或分裂这些区域，最终达到图像分割的效果，其具体步骤如下。

　　首先，任意满足 $P(R_i)=\text{FALSE}$ 的区域 R_i 将会被分割为 4 个不相连的象限，如图 6.16 所示；

图 6.16　区域分割示意图

　　然后，当区域不再分割时，合并所有满足 $P(R_i \bigcup R_j)=\text{TRUE}$ 的区域 R_i 和 R_j；

　　最后，当不能进一步合并时，停止上述过程，得到分割结果。

　　在 MATLAB 中完成分裂合并算法需要以下函数。

　　第一个函数为 qtdecomp，用来实现四叉树分解，其调用格式为

```
S=qtdecomp (f, @split_test, parameters)
```

其中，f 是输入图像，S 是包含四叉树结构的稀疏矩阵。若矩阵 S 非零，则 S 是分解区域中的左上角块，split_test 用来确定一个区域是否被分离，parameters 是 split_test 所要求的附加参数。split_test 的定义为

```
function v=split_test(B,mindim,fun)
k=size(B,3);
v(1:k)=false;
for I=1:k
    quadregion=B(:,:,I);
    if size(quadregion,1)<=mindim
        v(I)=false;
        continue
    end
    flag=feval(fun,quadregion);
```

```
      if flag
          v(I)=true;
      end
  end
end
```

第二个函数为 qtgetblk，用来实现在四叉树分解中得到实际的四叉树像素值，其调用格式为

```
[vals, r, c]= qtgetblk (f, S, m)
```

其中，vals 是一个数组，它包含 f 的四叉树分解中大小为 m×m 块的值；S 是 qtdecomp 函数返回的矩阵；参数 r 和 c 是包含左上角块的行坐标和列坐标的向量。

第三个函数是 splitmerge，用来合并区域、完成分割，该函数包含之前的两个函数，其具体定义为

```
function g=splitmerge(f,mindim, @predicate)
Q=2^nextpow2(max(size(f)));
[M,N]=size(f);
f=padarray(f,[Q-M,Q-N],'post');
S=qtdecomp(f,@split_test,mindim,fun);
Lmax=full(max(S(:)));
g=zeros(size(f));
MARKER=zeros(size(f));
for K=1:Lmax
    [vals,r,c]=qtgetblk(f,s,K);
    if~isempty(vals)
      for I=1:length(r)
        xlow=r(I);ylow=c(I);
        xhigh=xlow+K-1;yhigh=ylow+K-1;
        region=f(xlow:xhigh,ylow:yhigh);
        flag=feval(fun,region);
        if flag
            g(xlow:xhigh,ylow:yhigh)=1;
```

```
            MARKER(xlow,ylow)=1;
        end
      end
    end
  end
  g=bwlabel(imreconstruct(MARKER,g));
  g=g(1:M,1:N);
```

其中，f 是输入图像；g 是输出图像，其中的每个连接区域都用不同的整数来标注；参数 mindim 定义分解中所允许的最小块，该参数需要是 2 的整数次幂。predicate 是一个用户定义的函数，必须包含在 MATLAB 路径中，其调用格式为 flag=predicate(region)，如果 region 的像素满足函数中代码定义的条件，则函数返回 true，否则，函数返回 false，调用格式为

```
function flag=predicate(region)
sd=std2(region);
m=mean2(region);
flag=(sd>20)&(m>26)&(m<255);
```

例如，使用分裂合并算法对图像进行分割的程序如下

```
f= imread ('lena.png ');
f=rgb2gray (f);
g64=splitmerge (f, 64, @predicate);
g32=splitmerge (f, 32, @predicate);
g16=splitmerge (f, 16, @predicate);
g8=splitmerge (f, 8, @predicate);
g4=splitmerge (f, 4, @predicate);
subplot (2,3,1),imshow (f), title ('原始图像');
subplot (2,3,2),imshow (g64), title ('值为 64 的结果');
subplot (2,3,3),imshow (g32), title ('值为 32 的结果');
subplot (2,3,4),imshow (g16), title ('值为 16 的结果');
subplot (2,3,5),imshow (g8), title ('值为 8 的结果');
subplot (2,3,6),imshow (g4), title ('值为 4 的结果');
```

使用分裂合并算法对图像进行分割的结果如图 6.17 所示。

从图 6.17 可以发现，mindim 值与分割细化程度成反比，mindim 值越小，分割细化程度越高。

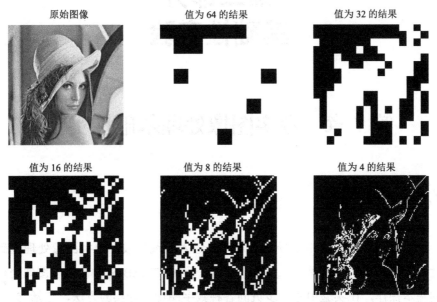

图 6.17　使用分裂合并算法对图像进行分割的结果

第二部分
基础性实验

第7章　数字图像处理基础性实验

7.1　引言

　　本章将由浅入深地引导读者从理论进入实践阶段。数字图像处理基础性实验的目的是使读者进一步熟练掌握基于 MATLAB 软件的数字图像处理的基本操作，在实验中进一步巩固各种数字图像处理实验方法，包括 5 个基础性实验：实验一数字图像灰度变换；实验二数字图像直方图；实验三数字图像平滑处理；实验四数字图像锐化处理；实验五数字图像复原、检测及形态学处理，使读者初步具备使用 MATLAB 软件平台处理数字图像的能力。

7.2　实验一：数字图像灰度变换

一、实验题目

　　数字图像灰度变换

二、实验目的

　　（1）了解 MATLAB 软件，学会使用 MATLAB 的图像处理工具箱，初步具备使用该软件处理数字图像的能力。

（2）熟悉数字图像的读/写和显示方法，在 MATLAB 环境下完成读入、保存和显示等数字图像处理操作。

（3）学会用 MATLAB 软件对图像灰度进行变换；感受不同的灰度变换方法对最终图像效果的影响。

三、实验原理

（1）MATLAB 基础，详见 1.3 节。

（2）数字图像读取、显示和保存，详见 2.2 节。

（3）数字图像类型转换，详见 2.3 节。

（4）数字图像代数运算，详见 2.4 节。

（5）数字图像几何运算，详见 2.5 节。

（6）数字图像点运算，详见 2.6 节。

（7）彩色图像的转换，详见 5.2.2 节。

（8）主要涉及的函数有：imread、imwrite、imshow、subplot。

四、实验步骤

1．获取实验用图像：rice.png，如图 7.1 所示，使用 imread 函数将图像读入 MATLAB。

图 7.1　rice.png

2．产生灰度变换函数 T1，使得

$$s = \begin{cases} 0.3r & r < 0.35 \\ 0.105 + 2.633(r - 0.35) & 0.35 \leqslant r \leqslant 0.65 \\ 1 + 0.3(r - 1) & r > 0.65 \end{cases}$$

用 T1 对原始图像 rice.png 进行处理，使用 imwrite 函数保存处理后的新图像。

3．产生灰度变换函数 T2，使得

$$s = \begin{cases} 15.9744r^5 & r \leqslant 0.5 \\ (r - 0.5)^{0.2} + 0.12 & r > 0.5 \end{cases}$$

用 T2 对原始图像 rice.png 进行处理，使用 imwrite 函数保存处理后的新图像。

4．分别用 $s = r^{0.6}$、$s = r^{0.4}$、$s = r^{0.3}$ 对如图 7.2 所示的 kids.tif 图像进行基本运算处理。为简便起见，使用 imwrite 函数保存处理后的新图像。

图 7.2　kids.tif

5．对如图 7.3 所示的 circuit.tif 图像实施逆变换（Negative Transformation），使用 imwrite 保存处理后的新图像。

6．对 rice.png 图像实施灰度切片（Gray-level slicing），具体要求如下：当 $0.2 \leqslant r \leqslant 0.4$ 时，将 r 置为 0.6；当 r 位于其他区间时，保持其灰度与

原始图像一样。使用 imwrite 函数保存处理后的新图像。

图 7.3　circuit.tif

　　7．利用灰度变换对 Picture.jpg（如图 7.4 所示）做增强处理，突出图中的人物，改善整个图像过于灰暗的背景。通过调节参数，观察变换后的图像与原始图像的变化，寻找最佳的灰度变换结果。写出所采用的拉伸表达式（提示：用 imhist 观察图像直方图，利用分段线性灰度变换法进行灰度变换）。

图 7.4　Picture.jpg

五、实验报告要求

（1）描述实验的基本原理和步骤。

（2）用数据和图像给出每个步骤取得的实验结果，必须包括原始图像及其经过技术处理后的图像，需要给出必要的讨论。

（3）写出完整的程序代码，需要带有注释。

六、思考题

（1）思考不同类型的图像在 MATLAB 软件中被保存为矩阵时的差异。

（2）简述数字图像代数运算、数字图像几何运算和数字图像点运算之间的区别。

（3）灰度变换操作可以对图像产生什么影响？

7.3　实验二：数字图像直方图

一、实验题目

数字图像直方图

二、实验目的

（1）加强对直方图均衡化和直方图匹配的图像增强技术的认识与了解。

（2）学会用 MATLAB 中的函数对输入图像进行直方图均衡化和直方图匹配。

（3）感受各种不同的直方图图像增强处理方法对最终图像效果的不同影响。

三、实验原理

（1）MATLAB 基础，详见 1.3 节。

（2）数字图像读取、显示和保存，详见 2.2 节。

（3）直方图图像增强，详见 3.2.2 节。

（4）主要涉及的函数有：imhist、histeq。

四、实验步骤

1．仔细阅读 MATLAB 帮助文件中有关以上函数的使用说明，充分理解其使用方法并能运用它们完成实验内容。

2．将 mountain.jpg 图像文件读入 MATLAB，如图 7.5 所示，对其做直方图均衡化。显示处理前后该图像的直方图，以及处理后的图像和灰度变换函数。

图 7.5　mountain.jpg

3．对 mountain.jpg 图像做直方图匹配运算，显示处理前后该图像的直方图，以及处理后的图像和灰度变换函数。直方图反映灰度等级的分布情况，本实验指定的直方图如下

$$n = \begin{cases} 1400 \times r & r \leqslant 5 \\ 7000 - 310 \times r & 5 < r \leqslant 20 \\ 900 - 5 \times r & 20 < r \leqslant 180 \\ -1440 + 8 \times r & 180 < r \leqslant 225 \\ 3060 - 12 \times r & 225 < r \leqslant 255 \end{cases}$$

4. 利用 mountain.jpg 图像的直方图（用 imhist 函数可生成）编写直方图均衡化函数。

五、实验报告要求

（1）描述实验的基本原理和步骤。

（2）用数据和图像给出每个步骤取得的实验结果，必须包括原始图像及其经过技术处理后的图像，需要给出必要的讨论。

（3）写出完整的程序代码，需要带有注释。

六、思考题

（1）思考直方图增强数字图像的原理是什么。

（2）思考直方图均衡化和直方图匹配的区别。

7.4　实验三：数字图像平滑处理

一、实验题目

数字图像平滑处理

二、实验目的

（1）了解各种平滑处理技术的特点和用途，掌握平滑技术的仿真与实现方法。

（2）学会用 MATLAB 中的函数对输入图像进行平滑处理。

（3）感受不同平滑处理方法对最终图像效果的不同影响。

三、实验原理

（1）MATLAB 基础，详见 1.3 节。

（2）数字图像读取、显示和保存，详见 2.2 节。

（3）空域滤波图像增强，详见 3.2.3 节。

（4）主要涉及的函数有：nlfilter、mean2、std2、fspecial、filter2、medfilt2、imnoise。

四、实验步骤

1．仔细阅读 MATLAB 帮助文件中有关以上函数的使用说明，充分理解其使用方法并能运用它们完成实验内容。

2．将 test3_1.jpg 图像文件（如图 7.6 所示）读入 MATLAB，用 filter2 函数对其进行 5×5 邻域平均和计算邻域标准差。显示邻域平均处理后的结果，以及邻域标准差图像。

3．在 test3_1.jpg 图像中添加均值为 0、方差为 0.02 的高斯噪声，对噪声污染后的图像用 filter2 函数进行 5×5 邻域平均。显示处理后的结果（使用 imnoise 命令）。

图 7.6　test3_1.jpg

4．将 test3_2.jpg 图像文件（如图 7.7 所示）读入 MATLAB，用 fspecial 函数生成一个 5×5 邻域平均窗函数，再用 filter2 函数求邻域平均，试比较以上处理过程与用 filter2 函数求邻域平均的速度。

图 7.7   test3_2.jpg

5．用 medfilt2 函数对 test3_2.jpg 图像进行中值滤波，显示处理结果。

6．编写中值滤波程序（函数），对 test3_2.jpg 图像进行中值滤波，显示处理结果。

五、实验报告要求

（1）描述实验的基本原理和步骤。

（2）用数据和图像给出每个步骤取得的实验结果，必须包括原始图像及其经过技术处理后的图像，需要给出必要的讨论。

（3）写出完整的程序代码，需要带有注释。

六、思考题

（1）结合实验结果，评价平滑滤波器模板的不同尺寸对滤波效果的影响。如何正确选择合适的模板尺寸？

（2）评价均值滤波器和中值滤波器对高斯噪声与椒盐噪声的影响。

7.5　实验四：数字图像锐化处理

一、实验题目

数字图像锐化处理

二、实验目的

（1）图像的锐化：使用 Sobel、Laplacian 算子分别对图像进行运算，观察并分析运算结果。

（2）综合练习：对需要进行处理的图像进行分析，正确运用所学的知识，采用正确的步骤，对图像进行各类处理，以得到令人满意的图像效果。编程实现 Roberts 梯度锐化算法。

（3）感受不同的图像处理方法对最终图像效果的不同影响。

三、实验原理

（1）MATLAB 基础，详见 1.3 节。

（2）数字图像读取、显示和保存，详见 2.2 节。

（3）空域锐化滤波，详见 3.2.4 节。

（4）主要涉及的函数有：imfilter、fspecial、imadjust。

四、实验步骤

1. 仔细阅读 MATLAB 帮助文件中有关以上函数的使用说明，充分理解其使用方法并能运用它们完成实验内容。

2. 将 cameraman.tif 图像文件（如图 7.8 所示）读入 MATLAB，使用 imfilter 函数分别采用 Sobel、Laplacian 算子对其做锐化运算，显示运算前、后的图像。

图 7.8　cameraman.tif

以下为算子输入方法（两种方法都做）：

（1）用 fspecial 函数产生（注意：fspecial 函数仅能产生垂直方向 Sobel 算子，产生 Laplacian 算子时将 alpha 的参数选择 0，详见 Help）。

（2）直接输入，其中 Sobel 算子的形式为

$$\boldsymbol{d}_x = \begin{pmatrix} -1 & -2 & -1 \\ 0 & 0 & 0 \\ 1 & 2 & 1 \end{pmatrix} \text{（水平 Sobel 算子）} \quad \boldsymbol{d}_y = \begin{pmatrix} -1 & 0 & 1 \\ -2 & 0 & 2 \\ -1 & 0 & 1 \end{pmatrix} \text{（垂直 Sobel 算子）}$$

Laplacian 算子的形式为

$$\begin{pmatrix} 0 & -1 & 0 \\ -1 & 4 & -1 \\ 0 & -1 & 0 \end{pmatrix}$$

3．对于 Sobel 算子，采用 $\sqrt{d_x^2 + d_y^2}$ 生成图像；对于 Laplacian 算子，将计算结果叠加到原始图像上作为锐化后的图像。

将 skeleton.jpg 图像文件（如图 7.9 所示）读入 MATLAB，按照以下步骤对其进行处理。

（1）用带对角线的 Laplacian 算子对其处理，以增强边缘。对角线 Laplacian 算子为 $\begin{pmatrix} -1 & -1 & -1 \\ -1 & 8 & -1 \\ -1 & -1 & -1 \end{pmatrix}$。

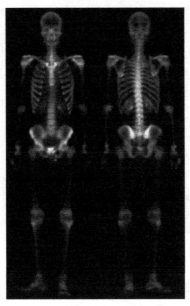

图 7.9　skeleton.jpg

（2）将（1）结果叠加到原始图像上，可以看出噪声增强了（Laplacian 算子对噪声敏感），应设法减小。

（3）获取 Sobel 图像并用 imfilter 对其进行 5×5 邻域平均，以减小噪声。

（4）获取（2）和（3）相乘图像，噪声得以减小。

（5）将（4）的结果叠加到原始图像上。

（6）最后用 imadjust 函数对（5）的结果做幂指数为 0.2 的灰度变换。

4．读入 cell.jpg 图像（如图 7.10 所示），进行验证，显示图像时给出选择的门限值。

编写 Roberts 梯度锐化函数。Roberts 梯度为

$$G[f(x,y)] = |f(x,y) - f(x+1,y+1)| + |f(x+1,y) - f(x,y+1)|$$

锐化图像的形成以下式为准

$$g(x,y) = \begin{cases} L_G & G[f(x,y)] \geqslant T \\ L_B & \text{其他} \end{cases}$$

L_G=255，L_B=0，门限 T 适当选择。要求：输入参数为待锐化图像和设定的门限，输出为锐化后的图像。

图 7.10　cell.jpg

五、实验报告要求

（1）描述实验的基本原理和步骤。

（2）用数据和图像给出每个步骤取得的实验结果，必须包括原始图像及其经过技术处理后的图像，需要给出必要的讨论。

（3）写出完整的程序代码，需要带有注释。

六、思考题

（1）结合实验结果，评价锐化滤波器模板的不同尺寸对滤波效果的影响。如何正确选择合适的模板尺寸？

（2）比较 Laplacian 算子、Roberts 算子和 Sobel 算子的区别。

7.6　实验五：数字图像复原、检测及形态学处理

一、实验题目

数字图像复原、检测及形态学处理

二、实验目的

（1）图像恢复：用维纳滤波算法对图像进行图像恢复。

（2）图像边缘检测：检测算子可用 Sobel、Roberts、Prewitt、Zerocross、Log、Canny。

（3）图像形态学处理：腐蚀和膨胀。

（4）感受各种不同的图像处理方法对最终图像效果的不同影响。

三、实验原理

（1）MATLAB 基础，详见 1.3 节。

（2）数字图像读取、显示和保存，详见 2.2 节。

（3）维纳滤波器，详见 4.3.3 节。

（4）彩色图像的转换，详见 5.2.2 节。

（5）数字图像形态学处理，详见 6.2 节。

（6）图像边缘检测，详见 6.3.1 节。

（7）主要涉及的函数有：rgb2gray、fspecial、imfilter、deconvwnr、edge、im2bw、strel、imerode、imdilate。

四、实验步骤

1．仔细阅读 MATLAB 帮助文件中有关以上函数的使用说明，充分理解其使用方法并能运用它们完成实验内容。

2．输入 lena.png 图像（如图 7.11 所示），将其转变成灰度图像，产生运动模糊图像，运用维纳滤波进行图像恢复，并显示结果。

3．灰度图像采用三种不同算子 Prewitt、Zerocross、Canny 来检测图像边缘，并显示结果，比较其好坏。

4．对灰度图像进行处理获得二值图像，对二值图像分别进行圆形模板

3×3 和 5×5 的膨胀与腐蚀操作，并显示结果。再用其他形状进行结果比较。

图 7.11　　lena.png 图像

五、实验报告要求

（1）描述实验的基本原理和步骤。

（2）用数据和图像给出每个步骤取得的实验结果，必须包括原始图像及其经过技术处理后的图像，需要给出必要的讨论。

（3）写出完整的程序代码，需要带有注释。

六、思考题

（1）影响维纳滤波性能好坏的因素有哪些？

（2）检测算子 Sobel、Roberts、Prewitt、Zerocross、Log、Canny 获得的边缘有何不同？

（3）结构元素形状和尺寸对形态学处理结果有何影响？

第三部分
应用性实验

第8章 数字图像处理应用性实验

8.1 引言

数字图像处理应用性实验的目的是让学生在掌握前面 MATLAB 数字图像处理实验技术基础和数字图像处理基础性实验的基础之上，能够独立设计和运用合适的数字图像处理实验，完成指定数字图像处理应用性实例。本章包括五个应用性实验：实验一含有噪声的工业电路板图像去噪处理；实验二医学脑部图像增强处理；实验三农业植被航天遥感图像分割处理。特别是在如今新工科和人工智能的背景下，要积极开展学科交叉融合，除了介绍信息学科中的数字图像处理实验基本内容，也应尝试向学生介绍数字图像处理在其他学科具体的应用案例，激发学生的学习兴趣，提高教学质量，因此创新性地设计了实验四航空遥感数据假彩色图像获取和实验五遥感数据目标亚像元定位。

8.2 实验一：含有噪声的工业电路板图像去噪处理

一、实验题目

含有噪声的工业电路板图像去噪处理

二、实验目的

（1）灵活组合运用合适的图像增强方法，实现图像增强效果。

（2）使用 MATLAB 软件实现最终的应用实例要求的图像增强任务。

三、实验原理

（1）数字图像空域增强，详见 3.2 节。

（2）数字图像频域增强，详见 3.3 节。

四、实验步骤

本实验对一个从工业加工过程中捕获的电路板数字图像（如图 8.1 所示），要求设计合适的图像增强方法和步骤，运用多种滤波器去除图像中的多种噪声，并利用直方图使得图像更加清晰，对比度更加合理。最后分析设计方法的优点和缺点。

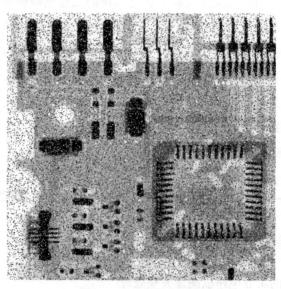

图 8.1   电路板数字图像

五、实验报告要求

（1）描述实验的基本原理和步骤。

（2）用数据和图像给出每个步骤取得的实验结果，必须包括原始图像及其经过技术处理后的图像，需要给出必要的讨论。

（3）写出完整的程序代码，需要带有注释。

六、思考题

（1）实验中为何使用这种图像增强方法？

（2）如何设计运用图像滤波器的顺序？依据是什么？

（3）最终影响图像增强效果的因素有哪些？

8.3　实验二：医学脑部图像增强处理

一、实验题目

医学脑部图像增强处理

二、实验目的

（1）灵活组合运用合适的图像增强方法，实现图像增强效果。

（2）使用 MATLAB 软件实现最终的应用实例要求的图像增强任务。

三、实验原理

（1）数字图像空域增强，详见 3.2 节。

（2）数字图像频域增强，详见 3.3 节。

四、实验步骤

如图 8.2 所示为一幅低对比度的人体脑部扫描图像，用于检测人体的很多疾病，诸如肿瘤、出血等。本实验需要自行设计图像增强方法和步骤，实现提高该图像的对比度和完成锐化边界等一系列增强任务，突出病变区域，使得图像效果得以大大改善，为其应用于医学中做准备。最后分析设计方法的优点和缺点。

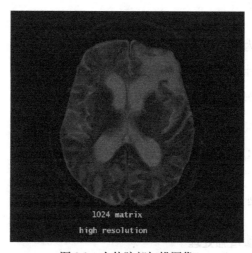

图 8.2　人体脑部扫描图像

五、实验报告要求

（1）描述实验的基本原理和步骤。

（2）用数据和图像给出每个步骤取得的实验结果，必须包括原始图像及其经过技术处理后的图像，需要给出必要的讨论。

（3）写出完整的程序代码，需要带有注释。

六、思考题

（1）请说明实验中图像增强方法的选用原因。

（2）如何设计运用图像增强方法的顺序？依据是什么？

（3）最终影响图像增强效果的因素有哪些？

8.4　实验三：农业植被航天遥感图像分割处理

一、实验题目

农业植被航天遥感图像分割处理

二、实验目的

（1）灵活组合运用合适的图像分割方法，实现要求的图像增强效果。

（2）使用 MATLAB 软件实现最终的应用实例要求的图像分割任务。

三、实验原理

（1）边缘检测方法，详见 6.3.1 节。

（2）阈值分割方法，详见 6.3.2 节。

（3）基于区域提取的图像分割方法，详见 6.3.3 节。

四、实验步骤

如图 8.3 所示为在美国南加州 Salinas 山谷用 AVIRIS 传感器收集的高光谱遥感图像。它包含 204 个光谱波段，涵盖了农业的 16 个类别。使用 512 像素×217 像素的面积作为研究区域。本实验需要自行设计图像分割方法和步骤，实现农业植被区域分割任务，达到不同植被区域被准确分割的目的，为其应用于农业中做准备。最后分析设计方法的优点和缺点。

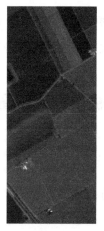

图 8.3　高光谱遥感图像

五、实验报告要求

（1）描述实验的基本原理和步骤。

（2）用数据和图像给出每个步骤取得的实验结果，必须包括原始图像及其经过技术处理后的图像，需要给出必要的讨论。

（3）写出完整的程序代码，需要带有注释。

六、思考题

（1）请说明实验中图像分割方法的选用原因。

（2）如何设计运用图像分割方法的顺序？依据是什么？

（3）最终影响图像分割效果的因素有哪些？

8.5　实验四：航空遥感数据假彩色图像获取（创新性实验）

一、实验题目

航空遥感数据假彩色图像获取

二、实验目的

（1）灵活组合运用合适的彩色图像处理方法，实现要求的假彩色效果。

（2）使用 MATLAB 软件实现最终的应用实例要求的彩色图像处理任务。

三、实验原理

（1）真彩色数字图像处理方法，详见 5.2 节。

（2）假彩色数字图像处理方法，详见 5.3 节。

（3）伪彩色数字图像处理方法，详见 5.4 节。

四、实验步骤

在新工科背景下将数字图像处理实验延展到航空航天测绘学科，增设遥感图像采集和遥感图像假彩色处理两个主题的数字图像处理创新性实验，该实验是在航空航天测绘学科的应用案例，不但使数字图像处理实验教学实现了学科之间的交叉融合，通过实际应用案例激发学生的学习兴趣，而且可进一步提升学生的自主学习能力、实践能力和创新能力。

1）遥感图像采集

近地、航空和航天是最为常见的三种遥感图像采集的平台。在此环节的实验教学过程中，首先介绍各种平台采集遥感图像的基本原理，然后采用全新的户外教学模式，将学生从室内实验引导到户外实验。如图 8.4（a）所示，指导学生运用手持式光谱仪进行近地遥感图像采集；如图 8.4（b）所示，协助学生操作无人机设备进行航空遥感图像的采集。运用航天遥感图像采集平台，采集航空遥感图像。

2）遥感图像假彩色处理

以 Landsat 系列卫星中的 Landsat8 在罗马上空获得的多光谱图像作为实验目标，说明彩色处理的价值。该多光谱图像包含 6 个波段，分别是蓝波段、绿波段、红波段、近红外波段、短波红外 1 和短波红外 2。利用真彩色图像处理方法、假彩色图像处理方法和伪彩色图像处理方法，对遥感图像波段进行融合，例如，如图 8.5（a）所示为近红外波段，红波段和绿波段的融合结果，该图像可以用于植被相关的监测，红色表示植被，红色越明亮，表示植被越健康。如图 8.5（b）所示为近红外波段，短波红外 1 和红波段的融合结果，该结果可以有效地区分陆地和水体，陆地是深/浅的橙色和绿色，水体是深/浅蓝色。

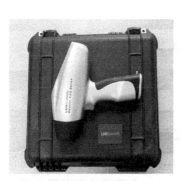

（a）手持式光谱仪　　　　　　　　　（b）无人机设备

图 8.4　手持光谱仪和无人机设备

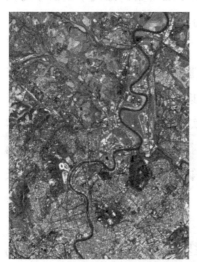
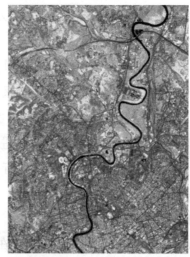

扫描查看彩图

（a）近红外波段，红波段和绿波段的融合结果　（b）近红外波段，短波红外 1 和红波段的融合结果

图 8.5　航空遥感数据

本实验需要自行设计图像彩色处理方法和步骤，实现航空遥感图像假彩色图像获取，形成的不同假彩色图像可以表示不同类别的目标，为其应用于航空航天领域做准备。最后分析设计方法的优点和缺点。

五、实验报告要求

（1）描述实验的基本原理和步骤。

（2）用数据和图像给出每个步骤取得的实验结果，必须包括原始图像及其经过技术处理后的图像，需要给出必要的讨论。

（3）完整代码程序，需要带有注释。

六、思考题

（1）MATLAB 中，多光谱图像波段融合选择何种假彩色图像更加合适？

（2）请分析假彩色处理方案是否有多种。若有，则请估计其他方案的结果。

8.6　实验五：遥感数据目标亚像元定位（创新性实验）

一、实验题目

遥感数据目标亚像元定位

二、实验目的

（1）灵活组合运用所学的所有数字图像处理方法，实现亚像元定位精度的提高。

（2）使用 MATLAB 软件实现最终的应用实例要求的数字图像处理任务。

三、实验原理

所有数字图像处理方法。

四、实验步骤

为了对数字图像处理实验考核模式进行研究和改革，利用线上自检与线下竞赛协同的数字图像处理实验考核模式充分激发学生对数字图像处理实验的学习兴趣。线上自检与线下竞赛协同的数字图像处理实验考核模式包括线上指导学生进行数字图像处理实验，建立人工智能实验结果评价平台的线上自检考核模式和设计比赛机制形式的线下竞赛考核模式。通过线上自检与线下竞赛协同的数字图像处理实验考核模式，利用人工智能手段和大数据进行实验结果分析，发挥每个学生擅长方向的优势，实现考核模式的智能设计、分析、诊断和决策。

1）建立人工智能实验结果评价平台的线上自检考核模式

利用建立的人工智能实验结果评价平台的线上自检考核模式，要求每位学生完成前面的所有实验，将实验结果自行上传到该平台。平台经过与正确答案比对，给出是否正确的结论，及时反馈给学生，学生可以自行评价实验结果的好坏，遇到问题或者疑问可以通过线下平台反馈给老师。最终平台将包括学生的姓名、学号、每个实验环节表现等构成学生掌握情况的大数据反馈给老师。

2）设计比赛机制形式的线下竞赛考核模式

采用比赛机制形式进行航天遥感数据目标亚像元定位实验，比赛评分准则包括采集遥感数据质量、获得亚像元定位结果精度和实验报告书写三个方面。对实验结果评价平台反馈的大数据进行分析，将所有学生进行分组，每组包括硬件方面动手能力较强的 3 名学生、软件方面编程能力较强的 3 名学生和收集数据与实验报告书写能力较强的 2 名学生。

首先，在遥感图像采集阶段。硬件方面动手能力较强的学生通过查找资料了解近地、航空和航天三种遥感图像采集平台的原理后，自行采集高质量遥感数据。

　　然后，在采集获得合适的实验数据之后，软件方面编程能力较强的学生通过查找资料了解遥感图像亚像元定位基本原理，设计高性能亚像元定位结构，通过 MATLAB 软件仿真提高亚像元定位结果的精度。此外，为了便于学生查找相关文献，在本书后面的参考文献中罗列了大量的相关文献。如果上一步采集图像的质量不理想，那么可以选择通用实验数据集（如图 8.6 所示）进行亚像元定位结果验证。

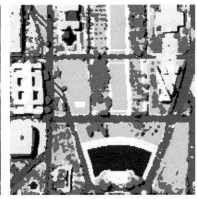

扫描查看彩图

　　　　（a）光谱图像　　　　　　　　　　　　（b）参考图像

■ 背景 ■ 湖水 ■ 道路 ■ 树木 □ 草地 □ 屋顶 □ 小径

图 8.6　通用实验数据集

　　最后，在软件仿真之后，需要将实验数据进行收集，进行定量指标评价并书写实验报告。实验小组中的收集数据与实验报告书写能力较强的 2 名学生将实验数据进行收集，将所获得的数据进行整理，并完成最终的实验报告撰写。

　　本实验需要自行设计数字处理方法和步骤，实现遥感数据目标亚像元定位，获得高精度目标定位，为其应用于航空航天领域做准备。最后分析设计方法的优点和缺点。

五、实验报告要求

（1）描述实验的基本原理和步骤。

（2）用数据和图像给出每个步骤取得的实验结果，必须包括原始图像及其经过技术处理后的图像，需要给出必要的讨论。

（3）写出完整的程序代码，需要带有注释。

六、思考题

（1）如何设计性能更好的亚像元定位方案？

（2）哪些因素会影响亚像元定位精度？

参 考 文 献

[1] 冈萨雷斯. 数字图像处理[M]. 阮秋琦，译. 2 版. 北京：电子工业出版社，2007.

[2] 冈萨雷斯. 数字图像处理（MATLAB 版）[M]. 北京：电子工业出版社，2005.

[3] 柏正尧. 数字图像处理实验教程[M]. 北京：科学出版社，2017.

[4] 陈明杰. 数字图像处理实验技术[M]. 北京：清华大学出版社，2014.

[5] 朱习军. MATLAB 在信号与图像处理中的应用[M]. 北京：电子工业出版社，2009.

[6] 胡晓军，徐飞. MATLAB 应用图像处理[M]. 2 版. 西安：西安电子科技大学出版社，2011.

[7] 陈述彭，童庆喜，郭东华. 遥感信息机理研究[M]. 北京：科学出版社，1998.

[8] 张兵，高连如. 高光谱图像分类与目标探测[M]. 北京：科学出版社，2011.

[9] 魏芳洁. 高光谱图像波段选择方法的研究[D]. 哈尔滨：哈尔滨工程大学，2013.

[10] Schowengerdt R A. Remote Sensing: Models and Methods for Image Processing[M]. San Diego, CA: Academic, 1997.

[11] 王群明. 遥感图像亚像元定位及相关技术研究[D]. 哈尔滨：哈尔滨工程大学，2012.

[12] Heylen R, Scheunders P. Multidimensional pixel purity index for convex hull estimation and endmember extraction[J]. IEEE Transactions on Geoscience and Remote Sensing, 2013, 51(7): 4059-4069.

[13] Plaza A, Martinez P, Perez R, et al. A quantitative and com-parative analysis of endmember extraction algorithms from hyperspectral data[J]. IEEE Transactions on Geoscience and Remote Sensing, 2004, 42(3): 650-663.

[14] Heinz D C, Chang C I. Fully constrained least squares linear spectral mixture analysis method for material quantification in hyperspectral imagery[J]. IEEE Transactions on Geoscience and Remote Sensing, 2001, 39(3): 529-545.

[15] Keshava N, Mustard J F. Spectral unmixing[J]. IEEE Signal Processing Magazine, 2002, 19: 44-57.

[16] Settle J J, Drake N A. Linear mixing and estimation of ground cover proportions[J]. International Journal of Remote Sensing, 1993, 14(6): 1159-1177.

[17] Wang L, Jia X. Integration of soft and hard classification using extended support vector

machine[J]. IEEE Geoscience and Remote Sensing Letters, 2009, 6(3): 543-547.

[18] Schowengerdt R A. On the estimation of spatial-spectral mixing with classifier likelihood functions[J]. Pattern Recognition Letters, 1996, 17(13): 1379-1387.

[19] Carpenter G M, Gopal S, Macomber S, et al. A neural network method for mixture estimation for vegetation mapping[J]. Remote Sensing of Environment, 1999, 70: 138-152.

[20] Bastin L. Comparison of fuzzy c-means classification, linear mixture modeling and MLC probabilities as tools for unmixing coarse pixels[J]. International Journal of Remote Sensing, 1997, 18: 3629-3648.

[21] Atkinson P M. Mapping sub-pixel boundaries from remotely sensed images[C]. Innovations in GIS 4. London, UK: Taylor and Francis, 1997, 4: 166-180.

[22] 凌峰，吴胜军，肖飞，等. 遥感影像亚像元定位研究综述. 中国图象图形学报[J]. 2011，16（8）：1335-1345.

[23] Tatem A J, Lewis H G, Atkinson P M, et al. Increasing the spatial resolution of agricultural land cover maps using a Hopfield neural network[J]. International Journal of Geographical Information Science, 2003, 17(7): 647-672.

[24] Thornton M W, Atkinson P M, Holland D A. Sub-pixel mapping of rural land cover objects from fine spatial resolution satellite sensor imagery using super-resolution pixel-swapping[J]. International Journal of Remote Sensing, 2006, 27(3): 473-491.

[25] 张洪恩，施建成，刘素红. 湖泊亚像元填图算法研究[J]. 水科学进展，2006，17（3）：376-382.

[26] Foody G M, Muslim A M, Atkinson P M. Super-resolution mapping of the waterline from remotely sensed data[J]. International Journal of Remote Sensing, 2005, 26(24): 5381-5392.

[27] Muslim A M, Foody G M, Atkinson P M. Shoreline mapping from coarse-spatial resolution remote sensing imagery of Seberang Takir, Malaysia[J]. Journal of Coastal Research, 2007, 23(6): 1399-1408.

[28] Saura S, Castro S. Scaling functions for landscape pattern metrics derived from remotely sensed data: Are their subpixel estimates really accurate?[J]. ISPRS Journal of Photogrammetry and Remote Sensing, 2007, 62(3): 201-216.

[29] Li X, Du Y, Ling F, et al. Using a sub-pixel mapping model to improve the accuracy of landscape pattern indices[J]. Ecological Indicators, 2011, 11(5): 1160-1170.

[30] Ling F, Li W, Du Y, et al. Land cover change mapping at the subpixel scale with different spatial-resolution remotely sensed imagery[J]. IEEE Geoscience and Remote Sensing

Letters, 2010, 8(1): 182-186.

[31] Foody G M, Doan H T X. Variability in soft classification prediction and its implications for sub-pixel scale change detection and super-resolution mapping[J]. Photogrammetric Engineering and Remote Sensing, 2007, 73(8): 923-933.

[32] Wang Q, Shi W, Wang L. Allocating classes for soft-then-hard sub-pixel mapping algorithms in units of class[J]. IEEE Transactions on Geoscience and Remote Sensing, 2014, 5(5)：2940-2959.

[33] Wang Q, Wang L, Liu D. Particle swarm optimization-based subpixel mapping for remote-sensing imagery[J]. International Journal of Remote Sensing, 2012, 33(20): 6480-6496.

[34] 王正艳. 遥感图像亚像元定位方法的研究[D]. 哈尔滨：哈尔滨工程大学，2014.

[35] Atkinson P M. Sub-pixel target mapping from soft-classified, remotely sensed imagery[J]. Photogrammetric Engineering and Remote Sensing, 2005, 71(7): 839-846.

[36] Shen Z, Qi J, Wang K. Modification of pixel-swapping algorithm with initialization from a sub-pixel/pixel spatial attraction model[J]. Photogrammetric Engineering and Remote Sensing, 2009, 75(5): 557-867.

[37] Makido Y. Land-cover mapping at sub-pixel scales[D]. Michigan: Michigan State University, 2006.

[38] He D, Zhang Y, Zhang L. Spectral-spatial-temporal MAP-based sub-pixel mapping for land-cover change detection[J]. IEEE Transaction on Geoscience and Remote Sensing, 2020, 58(3): 1696-1717.

[39] Makido Y, Shortridge A. Weighting function alternatives for a subpixel allocation model[J]. Photogrammetric Engineering and Remote Sensing, 2007, 73(11): 1233-1240.

[40] Makido Y, Shortridge A, Messina J P. Assessing alternatives for modeling the spatial distribution of multiple land-cover classes at subpixel scales[J]. Photogrammetric Engineering and Remote Sensing, 2007, 73(8): 935-943.

[41] Hu J, Ge Y, Chen Y, et al. Super-resolution land cover mapping based on multiscale spatial regularization[J]. IEEE Journal of Selected Topics in Applied Earth Observations and Remote Sensing, 2015, 8(5): 2031-2039.

[42] Villa A, Chanussot J, Benediktsson J A, et al. Spectral unmixing for the classification of hyperspectral images at a finer spatial resolution[J]. IEEE Journal of Selected Topics in Signal Processing, 2011, 5(3): 521-533.

[43] Atkinson P M. Super-resolution land cover classification using the two-point histogram[C]. GeoENV IV: Geostitistics for Environmental Applications, 2004: 15-28.

[44] Mertens K C, Verbeke L P C, Ducheyne E I, et al. Using genetic algorithms in sub-pixel mapping[J]. International Journal of Remote Sensing, 2003, 24(21): 4241-4247.

[45] Wang Q, Wang L, Liu D. Integration of spatial attractions between and within pixels for sub-pixel mapping[J]. Journal of Systems Engineering and Electronics, 2012, 23(2): 293-303.

[46] Muslim A M, Foody G M, Atkinson P M. Shoreline mapping from coarse-spatial resolution remote sensing imagery of Seberang Takir, Malaysia[J]. Journal of Coastal Research, 2007, 23(6): 1399-1408.

[47] Atkinson P M. Super-resolution mapping using the two-point histogram and multi-source imagery[C]. GeoENV VI: Geostatistics for Environmental Applications, 2008: 307-321.

[48] Lin H, Bo Y, Wang J, et al. Landscape structure based superresolution mapping from remotely sensed imagery[C]. Geoscience and Remote Sensing Symposium, 2011: 79-82.

[49] Tatem A J. Super-resolution land cover mapping from remotely sensed imagery using a Hopfield neural network[D]. U.K.: University of Southampton, 2001.

[50] Tatem A J, Lewis H G, Atkinson P M, et al. Super-resolution target identification from remotely sensed images using a Hopfield neural network[J]. IEEE Transactions on Geoscience and Remote Sensing, 2001, 39(4): 781-796.

[51] Tatem A J, Lewis H G, Atkinson P M, et al. Land cover mapping at the sub-pixel scale using a Hopfield neural network[J]. International Journal of Applied Earth Observation and Geoinformation, 2001, 3(2): 184-190.

[52] Tatem A J, Lewis H G, Atkinson P M, et al. Super-resolution land cover pattern prediction using a Hopfield neural network[J]. Remote Sensing of Environment, 2002, 79(1): 1-14.

[53] Tatem A J, Lewis H G, Atkinson P M, et al. Super-resolution mapping of multiple scale land cover features using a Hopfield neural network[C]. In Proceedings of the International Geoscience and Remote Sensing Symposium, IEEE, Sydney, 2001.

[54] Tatem A J, Lewis H G, Atkinson P M, et al. Increasing the spatial resolution of agricultural land cover maps using a Hopfield neural network[J]. International Journal of Geographical Information Science, 2003, 17(7): 647-672.

[55] Tatem A J, Lewis H G, Atkinson P M, et al. Super-resolution mapping of urban scenes from IKONOS imagery using a Hopfield neural network[C]. In Proceedings of the International Geoscience and Remote Sensing Symposium, IEEE, Sydney, 2001.

[56] Muad A M, Foody G M. Impact of land cover patch size on the accuracy of patch area representation in HNN-based super resolution mapping[J]. IEEE Journal of Selected

Topics in Applied Earth Observations and Remote Sensing, 2012, 5(5): 1418-1427.

[57] Mertens K C, Basets B D, Verbeke L P C, et al. A sub-pixel mapping algorithm based on sub-pixel/pixel spatial attraction models[J]. International Journal of Remote Sensing, 2006, 27(15): 3293-3310.

[58] Ling F, Li X, Du Y, et al. Sub-pixel mapping of remotely sensed imagery with hybrid intra- and inter- pixel dependence[J]. International Journal of Remote Sensing, 2013, 34(1): 341-357.

[59] Chen Y, Ge Y, Wang Q, et al. A subpixel mapping algorithm combining pixel-level and subpixel-level spatial dependences with binary integer programming[J]. Remote Sensing Letters, 2014, 5(10): 902-911.

[60] Mertens K C, Basets B D, Verbeke L P C, et al. Sub-pixel mapping with neural networks: Real-world spatial configurations learned from artificial shapes[C]. In Proceedings of 4th International Symposium on Remote Sensing of Urban Areas, 2003: 117-121.

[61] Mertens K C, Verbeke L P C, Westra T, et al. Subpixel mapping and sub-pixel sharpening using neural network predicted wavelet coefficients[J]. Remote Sensing of Environment, 2004, 91(2): 225-236.

[62] Zhang L, Wu K, Zhong Y, et al. A new sub-pixel mapping algorithm based on a BP neural network with an observation model[J]. Neurocomputing, 2008, 71(10): 2046-2054.

[63] Gu Y, Zhang Y, Zhang J. Integration of Spatial-Spectral Information for Resolution Enhancement in Hyperspectral Images[J]. IEEE Transactions on Geoscience and Remote Sensing, 2008, 46(5): 1347-1358.

[64] 许雄，钟燕飞，张良培，等. 基于空间自相关 BP 神经网络的遥感影像亚像元定位 [J]. 测绘学报，2001，40（3）：307-311.

[65] Jin H, Mountrakis G, Li P. A super-resolution mapping method using local indicator variograms[J]. International Journal of Remote Sensing, 2012, 33(24): 7747-7773.

[66] Verhoeye J, Wulf R De. Land-cover mapping at sub-pixel scales using linear optimization techniques[J]. Remote Sensing of Environment, 2002, 79(1): 96-104.

[67] Wang Q, Atkinson P M, Shi W. Indicator cokriging-based subpixel mapping without prior spatial structure information[J]. IEEE Transactions on Geoscience and Remote Sensing, 2015, 53(1): 309-323.

[68] Wang Q, Shi W, Atkinson P M. Sub-pixel mapping of remote sensing images based on radial basis function interpolation[J]. ISPRS Journal of Photogrammetry and Remote Sensing, 2014, 92(1): 1-15.

[69] Chen Y, Ge Y, Song D. Superresolution land-cover mapping based on high-accuracy surface modeling[J]. IEEE Geoscience and Remote Sensing Letters, 2015, 12(12): 2516-2520.

[70] Ling F, Foody G M, Ge Y, et al. An Iterative Interpolation Deconvolution Algorithm for Superresolution Land Cover Mapping[J]. IEEE Transactions on Geoscience and Remote Sensing, 2016, 54(12): 7210-7222.

[71] Wang L, Wang Z, Dou Z, et al. Edge-directed interpolation-based sub-pixel mapping[J]. Remote Sensing Letters, 2013, 12(4): 1195-1203.

[72] Ling F, Du Y, Li X, et al. Interpolation-based super-resolution land cover mapping[J]. Remote Sensing Letters, 2013, 4(7): 629-638.

[73] Boucher A, Kyriakidis P C. Super-resolution land cover mapping with indicator geostatistics[J]. Remote Sensing of Environment, 2006, 104(3): 264-282.

[74] Boucher A, Kyriakidis P C, Cronkite-Ratcliff C. Geostatistical solutions for super-resolution land cover mapping[J]. IEEE Transactions on Geoscience and Remote Sensing, 2008, 46(1): 272-283.

[75] Boucher A. Sub-pixel mapping of coarse satellite remote sensing images with stochastic simulations from training images[J]. Mathematical Geosciences, 2009, 41(3): 265-290.

[76] Jin H, Mountrakis G, Li P. A super-resolution mapping method using local indicator variograms[J]. International Journal of Remote Sensing, 2012, 33(24): 7747-7773.

[77] Wang Q, Shi W, Zhang H. Class allocation for soft-then-hard subpixel mapping algorithms with adaptive visiting order of classes[J]. IEEE Geoscience and Remote Sensing Letters, 2014, 11(9): 1494-1498.

[78] Chen Y, Ge Y, Heuvelink G B M, et al. Hybrid constraints of pure and mixed pixels for soft-then-hard super-resolution mapping with multiple shifted images[J]. IEEE Journal of Selected Topics in Applied Earth Observations and Remote Sensing, 2015, 8(5): 2040-2052.

[79] Ge Y, Chen Y, Stein A, et al. Enhanced sub-pixel mapping with spatial distribution patterns of geographical objects[J]. IEEE Transactions on Geoscience and Remote Sensing, 2016, 54(4): 2356-2370.

[80] Foody G M, Muslim A M, Atkinson P M. Super-resolution mapping of the waterline from remotely sensed data[J]. International Journal of Remote Sensing, 2005, 26(24): 5381-5392.

[81] Su Y F, Foody G M, Muad A M, et al. Combining pixel swapping and contouring methods

to enhance super-resolution mapping[J]. IEEE Journal of Selected Topics in Applied Earth Observations and Remote Sensing, 2012, 5(5): 1428-1437.

[82] Ge Y, Li S, Lakhan V C. Development and testing of a subpixel mapping algorithm[J]. IEEE Transactions on Geoscience and Remote Sensing, 2009, 47(7): 2155-2164.

[83] Kasetkasem T, Arora M K, Varshney P K. Super-resolution land-cover mapping using a Markov random field based approach[J]. Remote Sensing of Environment, 2005, 96(3/4): 302-314.

[84] Tolpekin V A, Hamm N A S. Fuzzy super resolution mapping based on Markov random fields[C]. In Proceedings of International Geoscience and Remote Sensing Symposium, 2008: 875-878.

[85] Tolpekin V A, Stein A. Effects of land cover class spectral separability and parameter estimation in super resolution mapping of an ASTER image[C]. In ACRS 2008: proceedings of the 29th Asian Conference on Remote Sensing, 2008.

[86] Tolpekin V A, Stein A. Quantification of the effects of land-cover-class spectral separability on the accuracy of markov-random-field based superresolution mapping[J]. IEEE Transactions on Geoscience and remote sensing, 2009, 47(9): 283-329.

[87] Ardila Lopez J P, Tolpekin V A, Bijker W, et al. Markov-random-field-based super-resolution mapping for identification of urban trees in VHR images[J]. ISPRS journal of photogrammetry and remote sensing, 2011, 66(6): 762-775.

[88] 李晓东，凌峰，杜云. 基于各向异性 Markov 随机场的遥感影像亚像元尺度建筑物提取[J]. 中国图象图形学报，2012，17（008）：1042-1048.

[89] Li X, Du Y, Ling F. Spatially adaptive smoothing parameter selection for Markov random field based sub-pixel mapping of remotely sensed images[J]. International Journal of Remote Sensing, 2012, 33(24): 7886-7901.

[90] Wang L, Wang Q. Subpixel mapping using Markov random field with multiple spectral constraints from subpixel shifted remote sensing images[J]. IEEE Geoscience and Remote Sensing Letters, 2013, 10(3): 598-602.

[91] Atkinson P M. Downscaling in remote sensing[J]. International Journal of Applied Earth Observation and Geoinformation, 2013, 22(20): 106-114.

[92] Foody G M. Sharpening fuzzy classification output to refine the representation of subpixel land cover distribution[J]. International Journal of Remote Sensing, 1998, 19(13): 2593-2599.

[93] Aplin P, Atkinson P M. Sub-pixel land cover mapping for per-field classification[J].

International Journal of Remote Sensing, 2001, 22(14): 2853-2858.

[94] Nguyen M Q, Atkinson P M, Lewis H G. Superresolution mapping using a Hopfield neural network with LIDAR data[J]. IEEE Geoscience and Remote Sensing Letters, 2005, 3(2): 366-370.

[95] Ling F, Xiao F, Du Y, et al. Waterline mapping at the subpixel scale from remote sensing imagery with high-resolution digital elevation models[J]. International Journal of Remote Sensing, 2008, 29(6): 1809-1815.

[96] Ling F, Li X, Xiao F, et al. Object-based subpixel mapping of buildings incorporating the prior shape information from remotely sensed imagery[J]. International Journal of Applied Earth Observation and Geoinformation, 2012, 18(1): 283-292.

[97] Thornton M W, Atkinson P M, Holland D A. A linearised pixel swapping method for mapping rural linear land cover features from fine spatial resolution remotely sensed imagery[J]. Computers and Geosciences, 2007, 33(10): 1261-1272.

[98] Boucher A, Kyriakidis P C. Integrating fine scale information in super-resolution land-cover mapping[J]. Photogrammetric Engineering and Remote Sensing, 2007, 73(8): 913-921.

[99] Nguyen M Q, Atkinson P M, Lewis H G. Super-resolution mapping using Hopfield neural network with panchromatic image[J]. International Journal of Remote Sensing, 2011, 32(21): 6149-6176.

[100] Nguyen M Q, Atkinson P M, Lewis H G. Super-resolution mapping using a Hopfield neural network with fused images[J]. IEEE Transactions on Geoscience and remote sensing, 44(3): 736-749.

[101] Ling F, Li X, Du Y, et al. Super-resolution land cover mapping with spatial-temporal dependence by integrating a former fine resolution map[J]. IEEE Journal of Selected Topics in Applied Earth Observations and Remote Sensing, 2014, 7(5): 1816-1825.

[102] Li X, Du Y, Ling F. Super-resolution mapping of forests with bitemporal different spatial resolution images based on the spatial-temporal markov random field[J]. IEEE Journal of Selected Topics in Applied Earth Observations and Remote Sensing, 2014, 7(1): 29-39.

[103] Ling F, Du Y, Xiao F, et al. Super-resolution land-cover mapping using multiple sub-pixel shifted remotely sensed images[J]. International Journal of Remote Sensing, 2010, 31(19): 5023-5040.

[104] Xu X, Zhong Y, Zhang L, et al. Sub-pixel mapping based on a MAP model with multiple shifted hyperspectral imagery[J]. IEEE Journal of Selected Topics in Applied Earth

Observations and Remote Sensing, 2013, 6(2): 580-593.

[105] Wang Q, Shi W, L Wang. Indicator cokriging-based subpixel land cover mapping with shifted images[J]. IEEE Journal of Selected Topics in Applied Earth Observations and Remote Sensing, 2014, 7(1): 327-339.

[106] 史文中，赵元凌，王群明，多偏移遥感图像的 BP 神经网络亚像元定位[J]. 红外与毫米波学报，2014，33（5）：527-532.

[107] Wang Q, Shi W, Atkinson P M. Spatiotemporal Subpixel Mapping of Time-Series Images[J]. IEEE Transactions on Geoscience and remote sensing, 2016, 54(9): 5397-5411.

[108] Xu X, Zhong Y, Zhang L. A Sub-pixel mapping based on an attraction model for multiple shifted remotely sensed images[J]. Neurocomputing, 2014, 134(9): 79-91.

[109] Wang Q, Shi W. Utilizing multiple subpixel shifted images in subpixel mapping with image interpolation[J]. IEEE Geoscience and Remote Sensing Letters, 2014, 11(4): 798-802.

[110] Shi W, Wang Q. Soft-then-hard sub-pixel mapping with multiple shifted images[J]. International Journal of Remote Sensing, 2015, 35(6): 1329-1348.

[111] Jeng S, Tsai W. Improving quality of unwarped omni-images with irregularly-distributed unfilled pixels by a new edge-preserving interpolation technique[J]. Pattern Recognition Letters, 2007,28(15): 1926-1936.

[112] Wald L, Ranchin T, Mangolini M. Fusion of satellite images of different spatial resolutions: Assessing the quality of resulting images[J]. Photogrammetric Engineering and Remote Sensing, 1997, 63 (6): 691-699.

[113] Li J, Wei X, Ma Z. The recognition techniques of single moving target from two frames of sequence images[J]. Acta Electronica Sinica, 2005, 14(2): 229-234.

[114] 李金宗. 基于理想采样的快速超分辨率算法[J]. 哈尔滨工业大学学报，2005（6）：822-825.

[115] L Pu, Jin W, Liu Y, et al. Super-resolution interpolation algorithm based on mixed bicubic MPMAP algorithm[J]. Transaction of Beijing Institute of Technology, 2007, 27(2): 161-165.

[116] 谢盛华. 基于先验信息和正则化技术的图像复原算法的研究[J]. 量子电子学报，2007（24）：429-433.

[117] Wolberg G. Digital Image Warping[J]. IEEE Computer Society Press, Los Alamitos, CA, 1992, 3(1): 81-95.

[118] Schultz R, Stevenson R. Extraction of high-resolution frames from video sequence[J]. IEEE Transactions on Image Processing, 1996, 2(4): 66-71.

[119] Chen T, Defigueiredo R. Two-dimensional interpolation by generalized spline filters based on partial differential equation image models[J]. IEEE Transactions on AcouStics Speech and Signal Processing, 1985, 23(3): 631-642.

[120] Karayiannis B, Venetsanopolous A.N. Image imerpolmion based on variational principles[J]. Signal Processing, 1991, 8(3): 259-288.

[121] 张钧萍. 信息融合的超谱遥感图像分析与分类方法研究[D]. 哈尔滨：哈尔滨工业大学，2002.

[122] Hu M, Tan J, Zhao Q. Aptive rational image interpolation based on local gradient features[J]. Journal of Information and Computational Science, 2007(4): 59-67.